JN147479

元Google AdSense
担当が教える

本当に稼げる Google AdSense

収益・集客が1.5倍UPするプロの技60

石田健介・
河井大志

読者特典のダウンロード方法

アダルトコンテンツと判定されるページによく含まれるキーワードをまとめたキーワードリストを、以下のページにて配布しています。なお、このリストはあくまで筆者が個人でまとめたものです。Google が公式に提供している内容ではないため、このリストだけを順守すれば 100% ポリシー違反が避けられるという保証はありません。

http://www.smartaleck.co.jp/adsense-keyword/

下記パスワードを入力のうえ、ダウンロードください。なお海外からのアクセスはできませんので、ご了承ください。

パスワード：AdSense2018

ご利用前に必ずお読みください

本書はGoogle日本法人のAdSenseチームに在籍していた筆者が、当時の経験、知識に基づいて執筆しているため、Googleからの公式見解とは異なる場合があります。
本書の内容は執筆時点においての情報であり、予告なく内容が変更されることがあります。また、環境によっては本書どおりに動作および実施できない場合がありますので、ご了承ください。

Cover Design & Illustration…Yutaka Uetake

はじめに

こんにちは。マネタイズパートナー株式会社の石田健介です。

約8年間のGoogleでの勤務を経て2015年1月に独立し、現在はWebサイト・アプリ運営者様向けに広告収益向上のコンサルティング業務を行っております。Googleでは2010年から2015年の約5年間、AdSenseの営業担当として、主に大手Webサイト向けにAdSense収益向上のお手伝いをしていました。

おかげ様で数百にわたる日本の優良サイトとお取引をさせていただき、多くのAdSense成功者と接することができました。Googleに在籍していたときから感じていたのですが、AdSenseで成功する人としない人の違いの1つは、マインドにあると私は考えています。

本書は「AdSenseについての正しい知識をつけて欲しい」「AdSenseで収益を上げるためのノウハウを提供したい」という信念のもと、執筆しました。AdSenseの営業を通じて知ることができた成功者のマインド、またAdSenseについてブラックボックスになっていることを、本書にて余すことなくお伝えします。

GoogleのAdSenseを利用した収益化は、「〇〇をすればアカウントが閉鎖になる」「〇〇をすることによってクリック単価が上がる」というような、根拠のない憶測が飛び交っている分野です。

本書ではGoogleAdSenseの「本当の正解」を知ってもらい、自信を持ってAdSenseを利用したメディア運営に励んで頂きたいと思っております。そしてGoogleAdSenseの知識に加え、AdSenseサイト運営者やアフィリエイターの具体例などをふまえて「具体的な収益向上策」をご紹介させて頂きたいと思います。

本書がメディア運営をされているサイト運営者様、ブロガー様、アフィリエイター様のお役にたてれば光栄です。

石　田　健　介

CONTENTS

Chapter-1
AdSenseの基本を押さえる

Chapter-2
トップアフィリエイターと元 AdSense 担当が教える稼げるノウハウ

第 1 フェーズ：メディア作り

第 3 フェーズ：AdSense 関連ノウハウ

Chapter-3
AdSense の裏側を知って収益を向上させよう

Chapter-4
広告主の考えを知って AdSense 運用に活かそう

Chapter - 1

AdSenseの基本を押さえる

AdSenseで収益をあげる前に、まずはAdSenseの仕組みをしっかりと理解しましょう。私たちサイト運営者に求められているものを把握し、どんなサイトを作り、どのようにAdSenseを運用していけばいいのかを考えていきます。

プロの技 01
Googleの基本的な考え方

サイト運営者がAdSenseの収益を向上させるには、GoogleがAdSenseをどのように位置づけてサービスを提供しているかについて理解することが重要です。それにより、長期的に安定してAdSenseで収益を得ることができます。逆にこの点を理解せずに自分なりの考えで運用してしまうと、最悪の場合AdSenseアカウントが閉鎖になってしまうこともあります。

Point

- Goobleはユーザーを一番大事にしている
- ユーザーと広告主に役立つサイトを作ろう
- 自分のAdSense収益ばかり気にしているとダメ

Googleは何を大事にしているか

AdSenseの世界には４者の登場人物がいます。

● GoogleAdSenseの基本的な仕組み

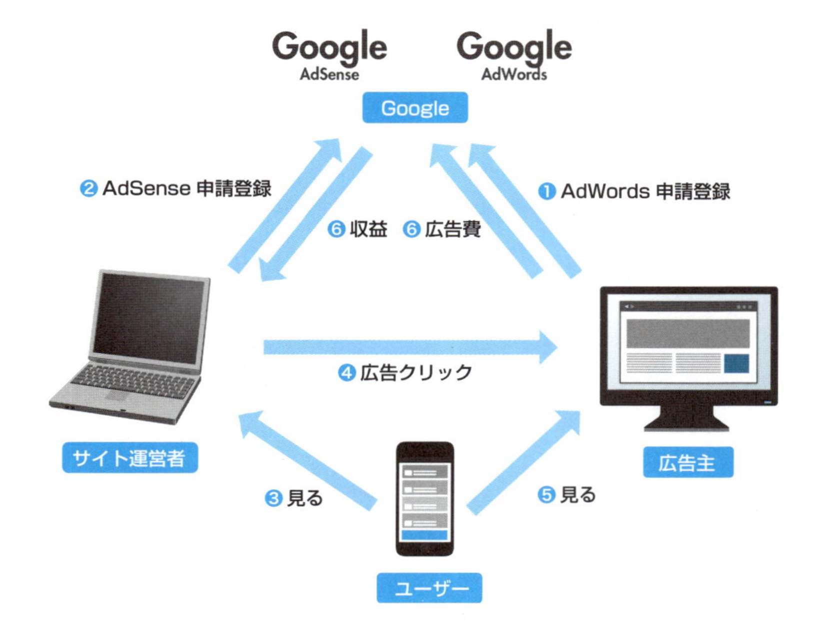

● Google が掲げる「10 の事実」

❶ ユーザーに焦点を絞れば、他のものはみな後からついてくる
❷ 1つのことをとことん極めてうまくやるのが一番
❸ 遅いより速いほうがいい
❹ ウェブ上の民主主義は機能する
❺ 情報を探したくなるのはパソコンの前にいるときだけではない
❻ 悪事を働かなくてもお金は稼げる
❼ 世の中にはまだまだ情報があふれている
❽ 情報のニーズはすべての国境を越える
❾ スーツがなくても真剣に仕事はできる
❿「すばらしい」では足りない

https://www.google.com/intl/ja/about/philosophy.html

この中でGoogleが最も大事にしているのはどれでしょうか？　サイト運営者、といいたいところですが、実際には違います。有名な「Googleが掲げる10の事実」の最初の項「❶ユーザーに焦点を絞れば、ほかのものはみな後からついてくる」にもあるとおり、**Googleはユーザーを最も大事にしています**。

Google がこの「10 の事実」を策定したのは、1998年の会社設立から数年後のことでした。2018年現在で10年以上経過していますが、Googleは随時このリストを見直し、事実に変わりがないかどうかを確認しています。これは、Google検索やGmailといった無料のユーザー向けのプロダクトにかぎらず、AdSenseやAdWordsといったお金がからむ法人、個人双方向けのプロダクトでも同様です。

 Googleにとっての優先順位

それでは、先ほどの４者の登場人物について、Googleはどのように優先順位をつけているのでしょうか？

答えは、**❶ユーザー**、**❷広告主**、**❸サイト運営者**、**❹Google**の順です。この順位を理解するためには、まずお金の流れを考えることが必要です。

AdSenseをサイトに掲載している**サイト運営者は、Googleからお金をもらっています**。そのお金は広告主がGoogleに支払ったものです。

また、広告主は誰からお金をもらっているのかというと、**広告をクリックしたユーザーから**です。ユーザーはクリックした先のリンク先ページで何かを購入したりサービスを申し込んだりすることで、広告主にお金を支払っています。

サイト運営者からすると、「自分自身」と「お金を振り込んでくれるGoogle」の2者しか見えなくなりがちですが、**「ユーザー」と「広告主」を意識してサイトを運営する**ことが、継続的にAdSenseから収益を得るために非常に重要なポイントとなります。

● **ユーザーの優先順位が最も上**

Googleにとっての優先順位（AdSenseのエコシステム）

❶ ユーザー	・「10の事実」にもあるとおり、最も大事
❷ 広告主	・収益源となる広告費を支払ってくれる存在 ・ユーザーにとって良い商品、サービスを提供
❸ サイト運営者	・ユーザーにとって有益なコンテンツを提供 ・広告主にとって有益な広告配信先の提供
❹ Google	・エコシステムの維持、拡大により、ユーザーにとって利便性の高いインターネット環境を提供 ・広告主、サイト運営者にプラットフォームも提供（AdWords、AdSense）

AdSenseで稼ぐためのマインド

私はこれまで、多くの成功しているサイト運営者も、AdSenseでうまく収益をあげられないサイト運営者も見てきました。両者を分けるポイントの1つとして、AdSense運営におけるマインドが挙げられます。

それは、**「サイト運営者である自分自身」と「Google」だけに焦点をあてるのではなく、「ユーザー」と「広告主」にも目を向けられるかどうか**です。

本書では、クリック単価やクリック率の向上を目的とした技術的なことも詳しく解説しますが、まずは「広告主の立場に立って考えられるか」「ユーザーの立場に立って考えられるか」という成功者のマインドを身につけ、AdSenseの収益を向上してもらいたいと考えています。

AdSenseをはじめる前に考えるべきこと

このように考えると、GoogleAdSenseで収益をあげるためにサイトやブログを運営する際、以下の手順で考えサイト運営していくのが理想的です。

❶ 自分の得意分野を考える

- ほかの人に比べ優位性を持っている分野はあるか
- 現在就いている仕事を活かせないか
- 過去の仕事のノウハウを活かせないか
- 趣味は何か

❷ ユーザーにメリットのある情報を提供する

- 自分が得意とする分野のサイトを作る
- ユーザーが欲しいであろう情報を発信する
- 専門誌を作るようなイメージでサイト制作する

❸ 多くの人に見てもらい社会貢献する

- 集客方法を考える
- 訪問したユーザーにたくさんのページを見てもらう工夫をする
- 再度訪問してもらいたくなるページを増やす

❹ 収益化を考える

- クリックしたくなる広告が表示されるように工夫する
- クリック率が上がるための工夫をする
- AdSenseの新しい機能を試してみる

このように、まずは**自分のノウハウや知識を多くのユーザーに提供し貢献する**ことを考えて、サイト作りをしていくことが重要です。

Check!

1. 4者の登場人物を理解する
2. 4者の優先順位は、
   ❶ユーザー、❷広告主、❸サイト運営者、❹Google
3. ユーザーと広告主にも目を向ける

プロの技 02 Googleは広告主を尊重している

プロの技01 では、AdSenseの世界における登場人物と、その優先順位についてお話ししました。ここでは、その中の「広告主」について詳しくお話しします。サイト運営者にとって広告主は、収益の元となる広告費を支払ってくれる重要な存在です。AdSense収益を向上させるために、どのように広告主のことを考えたらいいのでしょうか。

Point

- 広告主の広告費がAdSenseの収益になる
- 広告主にメリットがあることが大事
- ユーザーを騙すようなクリック誘導は厳禁

広告主の利益が最大化になるように考えている

いきなり残念なお話ですが、Googleが会社全体として目指しているのは、**サイト運営者の収益が最大化されることではありません**。

プロの技01 でお話ししたとおり、**サイト運営者に支払われるお金は広告主が支払っている広告費**です。コンテンツ向けAdSense※の場合、32%がGoogleの収益となり、残りの68%がサイト運営者に支払われます。広告主が100万円支払ったとすると、32万円がGoogleの収益、68万円がサイト運営者の収益となる計算です。当然、**サイト運営者の収益があがればGoogleの収益アップに繋がります**。

※ コンテンツ向けAdSense：一般的にAdSenseといわれているものを指します。ウェブサイトのコンテンツに掲載することで収益をあげる方法です。ユーザーがサイトで探している内容に関連性の高い広告や、ユーザーの行動履歴に基づいた広告が表示されます。コンテンツ向けAdSenseのほかには、ウェブサイトの検索結果ページに表示される検索向けAdSenseなどがあります。

ここまで話だけを聞くと、「サイト運営者がしっかりと収益をあげればGoogleも儲かるのだから、サイト運営者のことを一番に考えてくれればいいじゃん！」と思うかもしれません。

しかし安易にそのような考えに陥ると、サイト運営者もGoogleも最終的には収益があがらなくなってしまいます。それはなぜでしょうか？

● AdSense収益は広告主の広告費から支払われる

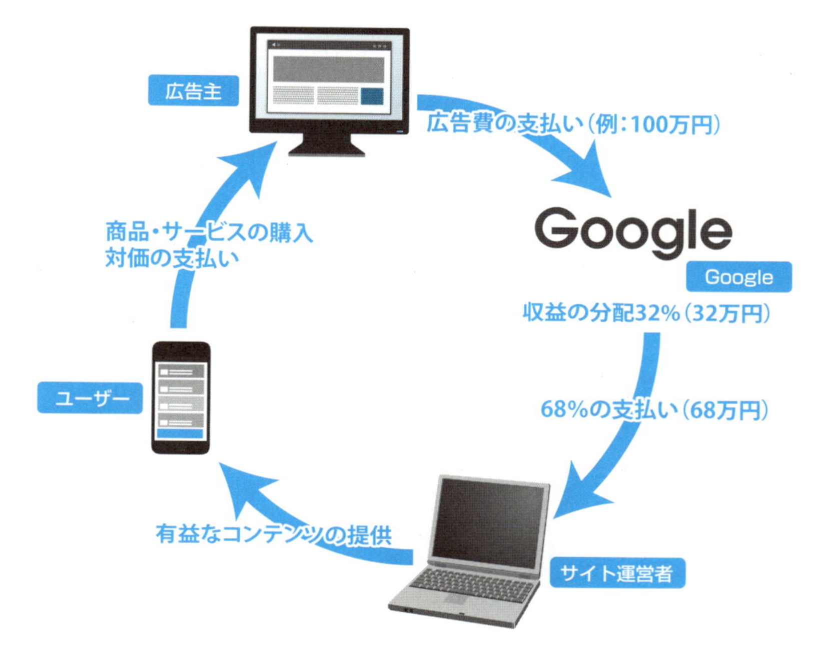

広告主にとって不利になるようなことはしない

Googleの売上の約90%は、広告収益で賄われています（2017年7～9月期決算では広告収入が売上高の88%を占めた）。会社全体としては、「広告主からいかに広告費を継続的に支払ってもらうか」、「いかに前年より多くの広告費をGoogleに対して使ってもらうか」を考えています。

これを実現するには、**広告主にとって費用対効果の高い広告配信先を提供する**ことが最も大切です。それを阻むものは取り除いていかなければなりません。なぜなら**AdWordsに出稿している広告主にとっては、広告がクリックされた時点で広告費が発生してしまう**からです。商品が購入された時点で広告費が発生するA8やアフィリエイトBのようなASPを使ったアフィリエイトと異なり、Googleではクリックした時点で広告費が発生してしまうため、**クリックの質が重要**となります。

よって、**広告主に不利になるような行為や宣伝方法（間違いクリックが増えるようなやり方）をするサイト運営者は、Googleのネットワーク内には必要ない**のです。

広告主の売上に繋がらない事例

たとえば、以下のような形でAdSenseを掲載したらどうなるでしょう。

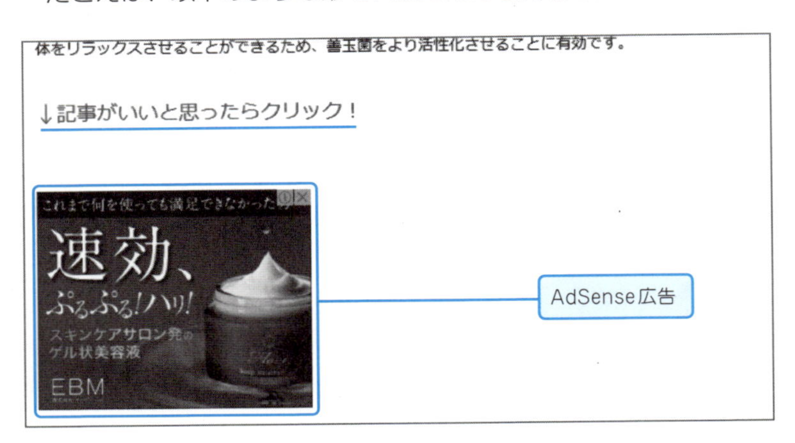

確かに多くのユーザーがクリックをしてくれるかもしれません。しかし、広告主の商品が売れることはないでしょう。なぜなら、ユーザーは「記事がいいと思ったからクリックしている」だけであって、**広告を見て、「この商品が気になる！」と思ってクリックしているわけではない**からです。

では、以下のような形はどうでしょう。

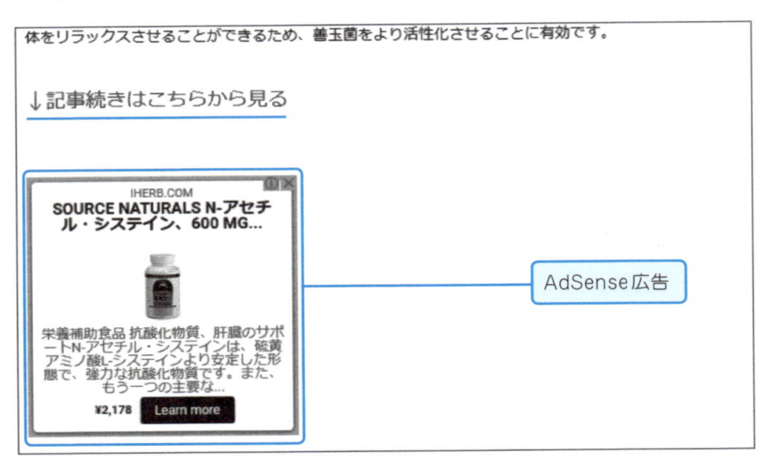

こちらのパターンでは、記事の続きを読みたいと思い広告をクリックすると、自分には興味のない商品の販売ページに移動してしまいます。これは広告主に

とっても、ユーザーにとっても不利益しかありません。

紹介した2つの行為は、広告主のことを一切考えない自分勝手な行動です。このような行為はGoogleもポリシーで禁止しています。

広告主を尊重した面白い事例

ここでひとつ、私がGoogleに在籍していたときに遭遇した事例を紹介します。

> ある会社が運営していた学習関連のサイトがありました。これは、小学生向けに学習プリントなどのさまざまな学習コンテンツが掲載されているサイトで、小学校の授業でも使われるくらい充実した内容のあるものでした。
>
> このサイトに、AdSenseによる広告が掲載されていたのですが、ある日突然、AdSenseアカウントが閉鎖されてしまいました。
>
> 理由は、無効クリックによるもの。
>
> 小学生向けのコンテンツということで、ユーザーの大半は小学生。そこにAdSenseが掲載されていたわけですが、小学生にはサイトコンテンツも広告も区別がつかず、サイトに表示されていた広告をクリックしていたと考えられます。もちろん、悪気があったわけではないでしょう。
>
> そのクリックは、当然、コンバージョン（広告主が期待する成果）に至ることもなく、無効なクリックが大半を占めているという判断に繋がりました。このままだと広告主にとって有効な配信先とならないという理由でAdSenseアカウントの閉鎖に至ってしまったのです。

どれだけ内容が充実したサイトであったとしても、広告主にとってクリックの質が低く成果に繋がらない場合、AdSenseの利用を止められてしまうというGoogleの基準をお分かりいただけたかと思います。

Check!

1. AdSense収益の源泉を理解する
2. 広告主に嫌われることをしない
3. どんなにいいコンテンツであってもクリックの質が低いサイトはGoogleのネットワークから排除される

プロの技 03 ポリシーを知って広告配信停止を防ごう

AdSense収益を向上するために考えてもらいたいのは、「短い期間ではなく長期的に収益を得ること」、「トータルの金額を意識する」ということです。継続的に安定して長く収益を得るためにAdSenseのポリシーを確認し、やっていいこと・いけないことを理解しましょう。

Point

- 広告主にとっては当たり前のポリシーになっている
- 悪いことをしようと思わなければ怖がる必要なし！
- 一度はアドセンスのポリシーを見てみよう

 ポリシーの基本的なことをおさらいする

「利用規約なんて見たことないよ」という声も聞こえてきそうですが、AdSense 管理画面の下部に利用規約へのリンクがあります。また、「AdSense 利用規約」で検索してみても OK です。これがAdSense を使用するにあたってのルールのベースとなっており、この利用規約への同意によって、サイト運営者として「AdSenseプログラムポリシー（以下、ポリシー）」を遵守することに同意していることになるのです。

● AdSense プログラムポリシー

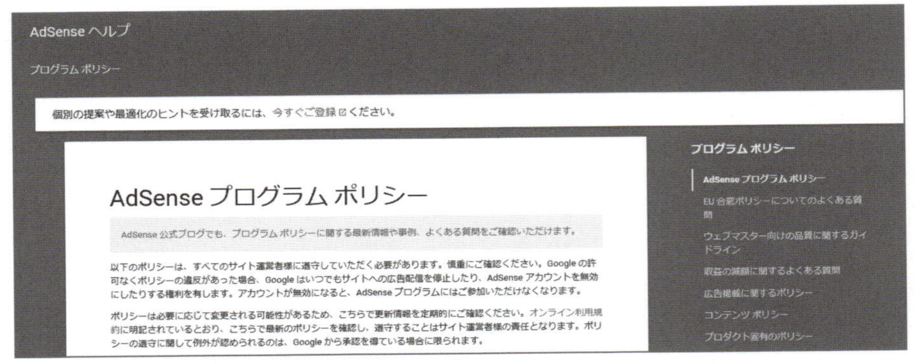

https://support.google.com/adsense/answer/48182

　ポリシーは厄介なものと思いがちですが、厳しいポリシーがあることでAdSenseは世界でNo.1のサイト収益化サービスになったともいえるのです。

サイト運営者の立場からすると「厳しいな」と感じるルールでも、広告主の立場に立ってみると、ごく当たり前の内容であることも多くあります。

たとえば広告主は、**自社のブランドを傷つけてしまうようなサイトに広告が配信されていないか**という点を非常に気にしています。もし自社商品の広告がアダルトコンテンツに表示されていたら、そのコンテンツを閲覧しているユーザーはその企業がアダルトコンテンツに広告を出しているのだと誤解してしまいます。結果として、ブランドイメージが下がってしまいますね。

広告主を保護するために、**「家族みんなが見ても大丈夫なサイト」のみにAdSenseを実装するという基準（ファミリーセーフ）**で、ポリシーが運用されています。

ポリシーを味方につける

ポリシーは、サイト運営者を苦しめるためにあるわけではありません。ポリシーのせいで大変な思いをした、AdSenseの配信が一時的に止まってしまったという人もいるかもしれませんが、ポリシーを敵視するのではなく、逆の発想をしてみてください。**ポリシーを味方につける**のです。

ユーザーと広告主の利益を保護するためのAdSenseのポリシーを守るということは、**ユーザーと広告主に好かれるサイトになる**ということです。AdSenseのポリシーは、世界でも最も厳しい基準の上に運用されています。それに合致しているということは、グローバルレベルでのサイト運用になるということにもなります。

また広告主の立場に立ってみれば、ポリシーは当たり前のことしか書かれていません。何年にもわたって何ら問題なくAdSense収益を得ているサイト運営者も何千、何万と存在しています。「アカウント閉鎖になったらどうしよう！」と過度に思いつめることなく、**いいコンテンツをユーザーに提供し、その結果としてAdSense収益がある**というマインドのもと、サイト運営を行いましょう。

なお、「うっかりおかしてしまいがちなポリシー違反」については プロの技50 プロの技51 をしっかり読んで、頭に入れてください。

Check!

1. なぜポリシーが存在しているのかを理解する
2. ファミリーセーフの基準を意識する
3. ポリシーを味方にすることで広告主に好かれるサイトになる

プロの技 04

警告と一発アカウント閉鎖の条件の違い

サイト運営者にとって最も怖いのは、AdSenseアカウントが閉鎖（無効）になってしまうことでしょう。前触れもなくやってくるのか、事前に警告があるのか。どのような場合は警告ですみ、どのような場合に一発でアカウントが閉鎖されてしまうのかについてお話ししていきます。

Point

- 警告が来たらすぐに対応しよう
- 児童ポルノは最も重い違反の１つ
- 自分で広告をクリックするのは論外

警告がいくサイトとは？

ポリシーに違反しているサイトにはGoogleから警告のメールが届きます。また、管理画面内のポリシーセンターにもメッセージが表示されます。メッセージの中には、サイト内のどのURLが、どのような違反をしているのかが記載されています。

「100ページのうち１ページだけアダルトコンテンツがあり、そこにAdSenseが掲載されている」というような場合は改善の見込みがあるため、❶警告が届いてから３営業日以内に解決し→❷それをポリシーチームが確認したのち→❸問題がないという判断がなされれば、そのまま広告が配信され続けます。ちなみに、警告の間も広告配信は継続して行われます。

● 警告メール

お客様

お客様のアカウントを確認しましたところ、Google のプログラム ポリシー（https://www.google.com/support/adsense/bin/answer.py?answer=48182&stc=aspe-1pp-ja）に準拠しない方法で Google 広告が表示されています。

ページ例：

この URL は一例にすぎず、このウェブサイトの他のページやお客様のネットワークの他のサイトにも同じ違反がある場合がありますのでご注意ください。

見つかった違反：

アダルト/テキストによる描写: Google のプログラム ポリシーに記載されているとおり、AdSense のお客様がアダルトまたは成人向けコンテンツを含むページに Google 広告を掲載することは許可しておりません。これには、テキストでの性描写も含まれます。このポリシーの詳細については、ヘルプセンターの次の URL をご覧ください。
https://www.google.com/adsense/support/bin/answer.py?hl=ja&answer=105957

アカウント閉鎖になると……

ほとんどすべてのページ、もしくはかなり多くの割合でポリシー違反をしていて、修正することが困難であるとGoogleに判断されてしまった場合は、**一発でアカウント閉鎖**になります。またポリシー違反の程度が重いものも、広告主の利益保護の観点から一発でアカウント閉鎖になります。

アカウントが閉鎖となるとそれまでのAdSense収益は支払われず、そのお金は広告主に返されます。

一発アカウント閉鎖の条件

1 児童ポルノ

児童ポルノと判断されるコンテンツで注意が必要なのは、**実写にかぎらない**ということです。イラスト、フィギュア、アイコンなどが児童ポルノと判断され、一発でアカウント閉鎖になったケースもあります。

また、日本人は欧米人と比較して若く見られがちです。モデルの実年齢にかかわらず**「児童ポルノに見えるかどうか」というポイントで判断される**ので、たとえ成人のモデルだとしても油断できません。

専任担当者がアサインされ、ある程度優遇されるはずの大手サイトであっても、児童ポルノについては容赦なく一発でアカウント閉鎖となります。

2 無効クリック

AdSenseの運用開始当初はPVが少ない分、誤クリックが多いと結果的にその割合が高くなってしまうので注意してください。よくあるのは、AdSenseを実装後、どのような広告が配信されているのかを自分でクリックしてチェックしようとするケースです。

どのような理由があっても、自分でクリックをしてはいけません。これは利用規約にもはっきりと書かれているルール違反です。自己クリックの回避方法について、詳しくは プロの技06 を参照してください。

Check!

1. 警告ですむうちはまだ安心
2. ポリシーに明らかに抵触するサイトはほかの手段で収益化する
3. 広告のチェックのためであっても自己クリックはNG

プロの技 05

アカウント閉鎖は永久？

AdSenseアカウントを閉鎖されてしまうサイト運営者が少なからず存在します。残念ながら、一度アカウント閉鎖という手続きが取られてしまうと基本的に二度と復活することはできません。そうならないために、ユーザー・広告主に配慮した運用をしましょう。

Point

- 広告主を守るために、サイト運営者には厳しい措置がとられることがある
- 第三者を装っても復活はほぼできない
- 早い段階での対応が望ましい

 アカウント閉鎖は解除されない？

一度アカウントが無効になると、基本的には二度とAdSenseを利用することはできません。同じサイト運営者が別のサイトを立ち上げ、今後また有益な情報を発信してくれる可能性も、ないわけではありません。しかし、そのわずかな可能性と広告主にとってのリスクを天秤にかけたときに、広告主を守るほうを優先するのはGoogleにとって自然なことでしょう。

なお、ポリシー違反時におけるAdSenseアカウントに対する手続きは、概ね次のようなステップになっています。

❶ **警告**：この時点では広告配信は引き続き行われています。

❷ **広告配信停止**：上記の警告に対して期限内に対応がなされなかったとGoogleが判断した場合、広告が配信されなくなります。ただしアカウントは閉鎖されていないので、警告を受けた内容を改善し、Googleがそれを確認すれば広告の配信は再開されます。なお重大な違反の場合は、警告を経ずに広告配信停止の措置が取られることもあります。

❸ **アカウント停止**：度重なる違反や著しい違反があった場合、アカウントが一時的に停止することがあります。アカウントが停止されると広告が表示されなくなり、支払いが保留されます。まだアカウントは有効なので、停止期間が終了すれば広告配信は再開されます。

❹ **アカウント閉鎖**：何度も同様の警告を受け、改善の見込みがないとGoogleに判断された場合はアカウントが閉鎖（無効化）となります。また、違反の程度が非常に重いものについては警告、配信停止、アカウント停止を経ずに一発でアカウント閉鎖になることがあります。

このように、**アカウント閉鎖に至るまでには猶予があります**。よって、「警告を何度も受けアカウントが閉鎖された」、「一発でアカウント閉鎖になってしまった」というのは、ひどいケースだといえます。**「ユーザー・広告主にとって不利益であり、Googleのパートナーとしてはふさわしくない」、「今後もパートナーになってもらう必要はない」と判断されてしまった**わけです。

Googleも営利企業なので、パートナーを増やし、広告の配信先を増やしたいのは当然です。アカウントを閉鎖してしまうということは配信先を1つ失うことになるので、やりたくてやっているわけではありません。それにもかかわらず、アカウントが閉鎖されてしまうということは、それだけのことをやってしまった結果と考えられます。

メールアドレスなどを変更すれば再度申請できる？

メールアドレス・振込先・サイト情報などすべてを変えたとしても、AdSenseの**再使用が許されるわけではありません**。

ただし、すべての情報を変えて申請することでAdSenseアカウントが開設され、再度使用できる可能性はあります。しかし、これは再度の使用が許可されたということにはなりません。システムの抜け道をたまたま通ることができただけです。いつ以前のアカウント閉鎖の情報と紐づけられるかわからないうえ、それにより新しいアカウントが閉鎖になってしまっても異議を申し立てることはできません。

Googleでは、発信している場所が同じ、サイト情報が似ている、サーバー情報など、さまざまな条件をもって重複アカウントの調査をシステム的、人的に行っています。AdSenseの世界では基本的に裏技は通用しないと思っていたほうがいいでしょう。

このように、Googleはアカウント閉鎖者にかなり厳しく対応しています。いずれも広告主の不利益をなくすためです。こうならないようにポリシーを守ってサイト運営し、もし警告が来てしまったらしっかりと対応しましょう。

Check!

1. 一度アカウントが閉鎖になると二度と使えない
2. アカウントが閉鎖にならないよう警告の段階で改善する
3. アカウントが閉鎖になってしまったらほかの手段で収益化する

プロの技 06

自己クリックは回避しよう

自己クリックは、アカウント閉鎖の原因で最も多いものの1つとなっています。利用規約とポリシーにあるとおり、自分で自分のサイトの広告をクリックすることや、他人にクリックを依頼することは、どのような理由であれ禁止されています。自己クリックで儲けることはできないので、絶対にやめましょう。

Point

- 自己クリックは広告主からすると論外
- 不正をして稼ぐことは絶対できない
- 自己クリックは一発アカウント閉鎖の対象

AdSenseの報酬が発生する仕組み

サイト運営者にとってAdSenseと成果報酬型のアフィリエイトとで大きく異なる点は、**ユーザーが広告をクリックするだけで収益が発生する**というところです。AdWords※ 広告主は主にCPC課金（クリックされた時点で広告費が発生する仕組み）で出稿しているので、**広告主にとっては広告がクリックされた時点で広告費が発生してしまう**ことになります。

このことから、**AdWords広告主はクリックの質を非常に重視している**といえます。なぜなら、**質の低いクリック（自己クリックや間違いクリックのように成果に繋がらないクリック）が増えると費用対効果が悪化してしまう**からです。

※AdWordsを利用した広告出稿がAdSenseサイトに広告表示される

● 広告主から見た費用発生のタイミング

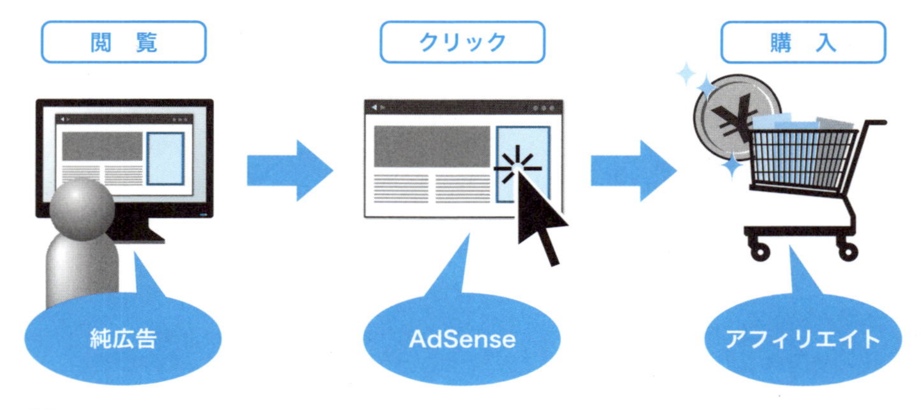

よって、広告主の立場からすれば**自己クリックは論外**です。自己クリックで収益を稼ぐということは、「努力をせず手っ取り早く稼ぎたい」、「自分さえよければいい」という非常に傲慢な考えに基づいたものといえます。これによりアカウントが無効になったとしても、それは当然の結果です。

ちなみに、自分のサイトにどのような広告が表示されているのかを確認するためには、GoogleがChromeブラウザ用の便利なツールとして「Google Publisher Toolbar」を提供しています。こちらを使用するようにしましょう。

● Google Publisher Toolbar

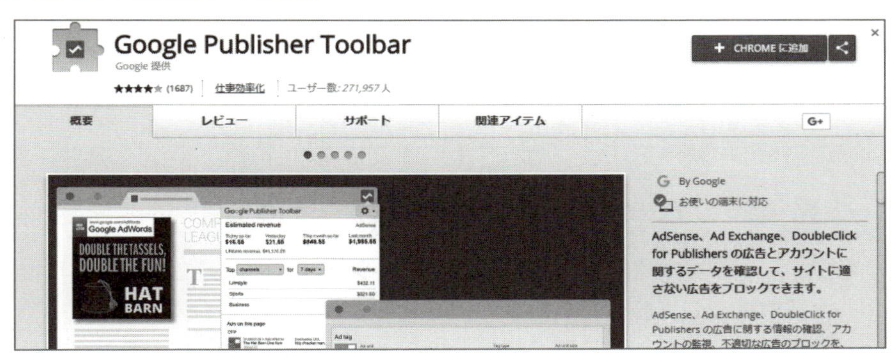

クリック代行サービスを工夫してもダメ

何人かでグループを組んでお互いの広告をクリックしあうようなことで、継続的に収益を得ることはできるのでしょうか。答えは当然NOです。

Googleは広告主の利益を尊重し、自己クリックや間違いクリックなどの無効なクリックはシステムで自動的にフィルタされます。フィルタされたクリックはサイト運営者の収益にはならず、広告主に返金されます。

以前は無効クリックと判定できなかったものも、技術の進歩により現在は判定できるようになっており、これにより広告主は費用対効果を向上することができます。つまり、**広告主から継続的に出稿してもらえるプラットフォームの維持・改善を行っている**のです。広告費が増加すればサイト運営者に支払う収益も増えるので、中長期的に見るとサイト運営者にとってもメリットとなります。

もし、「バレない自己クリックの方法を教えます」のような怪しい情報商材や、「互いにクリックをしあいましょう」というサービスがあったとしても申し込んではいけません。また「クリック代行サービス」なども存在しているようですが、そのようなシステムを用いても必ずバレます。もし短期的に裏技を使って収益を得たいという場合は、真っ先にAdSenseの運営は除外したほうがいいでしょう。

● 自己クリックは×

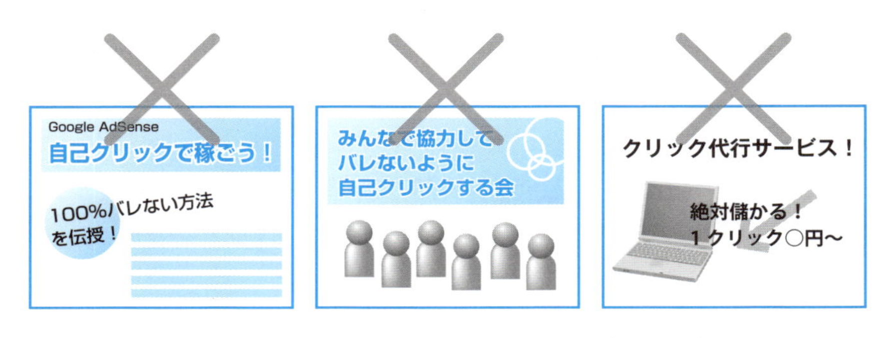

見積額の10%以上の差異は気をつけよう

自己クリックや間違いクリックなどの無効クリックの収益も、一時的にはレポートに収益として表示されます。レポート上の収益と支払額が違うということがよくあるのですが、これは無効クリックをキャンセルした金額が振り込まれるからです。そのため、レポートでは「見積もり収益額」となっているのです。これは次の **プロの技07** で詳しく説明します。

なお、レポートと支払額の差は必ず発生します。差額が数%であれば通常の範囲と考えられますが、10%を超えてくるようだと少し多いかもしれません。誤クリックについて改善ができないか、サイトの構造とAdSenseの貼りつけ方を見直しましょう。

よくあるのは、サイトのリンクとAdSenseとの距離が近いことで誤クリックを誘発しているケースです。特にスマートフォンサイトでは、多くなっています。この場合、サイトのリンクとAdSenseを適切な距離に離すことで改善できます。

Check!

1. どのような理由であっても自己クリックは行ってはいけない
2. 自己クリックで稼げることは絶対にない
3. 収益に占める無効なトラフィックの割合を確認し、改善しよう

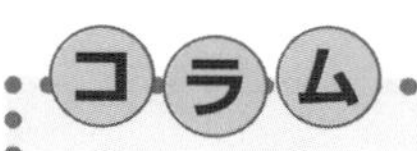

AdSense を使ううえでのマインド

●中長期思考 ＞ 短期思考

AdSense は地道にコンテンツを作り、PV を増やし、きちんとしたトラフィックによって稼いでいくことに向いている収益化の手段です。少なくとも 1 ～ 2 カ月程度の短期間で稼ぐことには向きません。

もし AdSense で短期間に稼ぐとなると、どこかから怪しいトラフィックを購入してくるなど、必ずどこかで無理をする必要が出てきます。ただ仮にこういった手段で一時的に稼ぐことができたとしても、同じ手段で稼ぎ続けた例を私自身は見たことがありません。AdSense で稼ごうと思うのであれば、短期的な思考でなく、中長期的な思考を持って取り組むことが大切です。

細かいことを気にしすぎないということも重要です。うまく稼ぐことができていない人ほど、運営するサイトに配信される広告の内容、あるいは複数の広告枠に同じ内容の広告が配信されることをかなり気にしているといったケースが見られます。それよりもサイトの PV など、自分の取り組みで向上・改善できることに力を入れましょう。

●裏技はない

ここまでもお話ししてきていますが、AdSense で収益をあげるための裏技や近道といったものはありません。もしそのようなものが存在するのであれば、そもそも私自身がすでにやっています。AdSense で収益をあげようと思うのならば、本当にコツコツと地道に積み重ねるしかないのです。

AdSense ではサイトの実力以上には稼げないことを理解してください。サイトの実力以上に稼ごうと思えばどこかで必ずブラックなことをしなければならなくなります。AdSense の仕組みやシステムの隙間をつく方法を見つけたとしても、それは必ず対策がされますし、長くは続きません。

また仮にサイトの実力以上に稼いでしまった場合に怖いのは、稼ぐことが短期間で終わってしまうということ、そして短期間で稼げるという感覚が当たり前のものになってしまうことです。

短期間でたくさん稼ぐことを 1 度でも体験し、それができるという感覚を持ってしまうと、もうそこからあとには戻れません。普通にコツコツとサイトを運営することができなくなってしまいます。

繰り返しになりますが、AdSense で稼ぐための裏技などというものは存在しません。一番の近道はコツコツと積み重ねることにほかならないのです。

プロの技 07

レポートの収益と入金額の差異について

レポートの収益と入金額の差について詳しく見ていきましょう。差額を確認し、なるべく少なくなるように改善することがポイントです。

Point

- サイトの無効なトラフィックがどれくらいあるか確認しよう
- 10%を超える場合、貼りつけ箇所を再検討しよう
- 間違いクリックは収益にならない

無効なトラフィックの確認方法

AdSense管理画面の「設定 > お支払い > ご利用履歴」にて、「無効なトラフィック」という項目を確認できます。

これは自己クリックや間違いクリックなどの無効クリック、不当に水増しされたページビューや、システムで自動的にリロードされるといった**質の低いページビューをあわせたもの**となります。

この数字は毎月更新されるので、必ずチェックしましょう。過去の数字との推移も確認し、急に「無効なトラフィック」の割合が増えた場合はすぐに対策を取る必要があります。

● 設定 > お支払い

詳細　すべて　前月

2017年11月1日～30日

最終残高: ¥35,880

日付	内容	金額（JPY）
2017年11月1日～30日	無効なトラフィック - コンテンツ向け AdSense	- ¥59
2017年11月1日～30日	収益 - コンテンツ向け AdSense	¥35,939
2017年11月21日	自動支払い:	- ¥32,603

開始残高: ¥32,603

無効なトラフィックの減らし方

第２章ではクリックされやすい広告の配置方法など、具体的な手法についてお話ししますが、その前に「成果として認められないクリック」について確認しておきましょう。

自分のサイトがすでにある場合はPCやスマートフォンで閲覧し、いろいろなページに移動してみます。その際、「ほかのページに移動しようと思っているのに間違ってAdSense広告をクリックしてしまいそうになった」「サイトのコンテンツだと思ってクリックしようと思ったらAdSense広告だった」というようなことがないかをチェックしてみましょう。

無効なトラフィックは、ユーザーが間違ってクリックしてしまっていることが原因となっていることが多いため、まずはその点をチェックしたうえで２章以降の配置方法などを学んでいきましょう。

ユーザーの間違いクリック

ユーザーの間違いクリックは見積もり収益から差し引かれるので、支払額には含まれません。エコシステムを健全に保ち、サイト運営者が継続的に収益を得られるよう、間違いクリックを少なくしていきましょう。それが結局はサイト運営者の利益に繋がります。

ちなみに、無効なトラフィックにより支払い対象外となった収益はGoogleから広告主に返されます。Googleが2015年に発表したデータによると、2014年に検出された不正操作に由来する収益は２億ドル（日本円で約200億円）超となり、それらは広告主に返金されたとのことです。

Check!

1. １カ月に１回、無効なトラフィックの状況を確認しよう
2. Googleの仕組みをすり抜けて収益を得ることはできない
3. 無効クリックだけではなく無効な表示が発生しないよう注意しよう

プロの技 08

Google AdSenseの審査基準

AdSenseの収益を得るには、AdSenseアカウントを開設しないとはじまりません。アカウントを開設するには審査を通過する必要があります。アカウント開設を申請する際、どのような点に気をつけるべきでしょうか。特にこれからAdSenseをはじめてみたいという人はよくチェックしておきましょう。

Point

- まずはポリシーを理解しよう
- 適切なコンテンツであれば審査は通る
- 広告を張る場合は、広告バナーにも気をつけよう

審査は何回もチャレンジできる

これからAdSenseをはじめたいという人にとって、気になるのはアカウント開設にあたっての審査基準でしょう。

実は、**アカウント開設時の審査は一度落ちてしまっても何度もチャレンジできます**。回数は決められていないのですが、2、3回程度であれば全く問題ありません。いくつかの基準があり、それに合致すればアカウントが開設されます。

アカウント開設の審査基準は？

1 コンテンツの内容

当然ですが、ポリシーに合致したコンテンツであることが必要です。ここでつまずかないよう、AdSenseのポリシーに関するページは一読しておきましょう。ポリシーに合致していさえすれば、どのようなジャンルでも問題ありません。もちろん、充実したコンテンツであるに越したことはありません。

連絡先や運営者情報についてはなくても大丈夫ですが、可能なかぎりプロフィールなどにサイト運営者の情報を記載しましょう。

2 コンテンツ量

具体的には**700～1,000文字程度の記事が10記事くらいあれば十分**でしょう。ただし長ければいいというものではなく、意味のないコンテンツだと審査が通りません。1,000文字以上の記事が複数あるサイトでも**日本語が明らかに**

おかしかったり、記事としての価値が非常に低いコンテンツは審査に落ちています。以下、あるアフィリエイターさんが審査に落ちた例です。

> 昨日妻とショッピングモールに行った。電車で行ったほうがいいと妻が言ったが私は車で行きたいと言った。ショッピングモールに行ってちょっと買い物をした。妻はマフラーを、私は買いたいものがなかった。買い物をしたあと、二人でご飯を食べた、ご飯はサバ煮込み定食を食べた。妻のは忘れた。ご飯を食べたあとはまたブラブラした。二人とも若くないのでよくベンチに座った。座って雑談などをした。この年になってこうやってブラブラするのは楽しいものだ。そのあともブラブラし、車で家に帰った。

日本語自体はおかしくありませんが、非常に中身のない記事となっています。このような文体で約700文字程度あり、10記事ともその日の出来事を記したものでしたが、一次審査で落ちていました。

3 他サイトへのリンクについて

他サイトへのリンクが全くないものはNGです。ユーザーにとって有益なコンテンツを書こうとすれば、引用などで他サイトへのリンクが含まれるのではないでしょうか。

> 肉中心の食生活の人
>
> ここ最近では日本人の食生活も欧米寄りの食事が主流になってきています。
>
> 欧米寄りの食事は、肉類を始め高コレステロールの食事が多く、特に肉類は胃で完全に消化されることなく腸に運ばれていくため、腐敗し、悪玉菌のエサとなります。
>
> そのため、そのような食生活が中心で、まして食物繊維の摂取が足りていない人は、悪玉菌が日に日に優位になっていき、腸内環境（腸内フローラ）のバランスが崩れしまいます。
>
> 参考URL：コレステロールと悪玉菌の関係

記事に参考URLがあると、ユーザーにとって有益になることが多いです。このような場合は外部リンクをして、ユーザーの満足度を高めるような記事構成にするといいでしょう。

他サイトへのリンクが全くない例としてよくあるのが、AdSenseをクリックさせることだけを目的としたテンプレートを使用している場合です。これは最近、審査に落ちるパターンとして増えているので注意してください。

もちろん、**他サイトへのリンクばかりでコンテンツが乏しかったり、他サイトへのリンクがメインコンテンツとなっているサイトも審査は通過できません。**バランスが重要です。

4 広告について

ほかのアフィリエイトリンクや、他社のアドネットワークなどが実装されいること自体は問題ありません。しかし、ここで注意点が2つあります。

❶ アダルトに関するポリシー違反

広告であってもコンテンツのひとつとみなされるので、アダルトと判断されてしまうバナーが配信されないよう注意してください。

❷ 広告の量

コンテンツ分量と比較して広告が多いサイトも、審査に落ちてしまいます。面積の明確な基準はありませんが、コンテンツよりも広告が占める面積が多くなっている場合、広告の量が多すぎるといえます。

アカウント開設段階で重要なのは、広告主に「広告を掲載したくない」と思われないサイトにしあげることです。将来的には、広告主から積極的に掲載したいと思われるサイトを目指してください。それが収益向上への道です。

Check!

1. 審査は一度落ちても大丈夫。気を落とさず、改善を繰り返そう
2. ポリシーに合致したコンテンツかどうかが最も重要なポイント
3. 広告主が「こんなサイトには広告を掲載したくない」というレベルでは審査に通らない

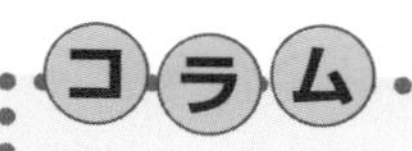

アカウント開設について

●無料ブログでのアカウント開設はできない

AdSenseで収益をあげるためには、まずAdSenseアカウントの申請をする必要があります。その際AdSenseを利用する予定のサイトURLも届け出なければならないのですが、無料のブログサービスは利用できません。

以前はLivedoorブログやFC2ブログなど、無料のブログサービスのURLを用いてAdSenseアカウントの申請をすることも可能でした。しかし、2018年1月現在では、こういった無料のブログサービスのURLではAdSenseアカウントの新規申請ができなくなっています。

この背景としてはあるのはGoogleによるスパム対策です。

無料のブログサービスは誰でもタダで、複数開設することが可能です。ただ中にはこの仕組みを悪用する人もいて、一人でたくさんのAdSenseアカウントを申請するケースが起きていました。

そしてこういったサイトは共通してサイトの質が悪く、結果としてAdSenseアカウントが次々に凍結されるケースが発生しました。同様の事態が多発するのを未然に防ぐため、GoogleではひとつのドメインN配下に開設できるAdSenseアカウントの数に条件を設けてしまったのです。

ここに加えて、少し前より無料のブログサービスのURLが使えなくなったという変更点は、Googleがスパム対策に対して新たな一手を打ったということです。

AdSenseの利用登録をする場合はまず独自ドメインを取得し、これを用いてアカウントの申請を行いましょう。独自ドメインと聞くと、「お金がかかりそう」「難しそう」と思うかもしれません。ですが最近では独自ドメインの取得の手間も減り、取得にかかる費用も安くなっています。

またSEOの視点でも、独自ドメインを取得してサイトを運営するほうが後々のメリットは大きいといえるでしょう。

なぜなら無料ブログは完全に自分のものではないので、リスクが多いからです。集客が軌道に乗りはじめAdSense収益も増え、AdSenseのポリシーを遵守していても、無料ブログサービスを提供している企業が倒産したり、サービス終了してしまえば全て水の泡となってしまいます。

AdSenseにかぎらず、サイト運営というのは長期間にわたってユーザーのためになるコンテンツを提供し、リピーターを増やし集客していきます。このようなことから、長くサイト運営をしていくのであれば、無料ブログの利用は控えたほうがいいといえるでしょう。

プロの技 09

Google担当者とのコミュニケーション

Google担当者と一度もやり取りしたことがない人もいるでしょう。Google担当者とコミュニケーションを取るには、どのような条件があるのでしょうか。サイト運営者向けにどのようなサービスを行っているのでしょうか。

Point

- AdSense担当者はGoogle社内でも少ない
- 収益別にグループ分けされている
- 少しでもいいサイトを作って担当者をつけよう

Google担当者と連絡を取るには

サイト運営をするにあたってよくある疑問の1つに「Googleの担当者とは連絡がとれるのか？」というものがあります。

実はGoogle AdSenseは、ほかのアドネットワークやアフィリエイトサービスと比較すると、担当者とのやり取りがしにくいサービスといえます。同じGoogleのサービスであっても、広告主であれば誰でも無料で電話サポートが受けられるAdWordsとはこの点が大きく異なります。

AdSense担当者と連絡が取りづらい理由はいくつかあります。

● 理由

1. 広告主からお金をいただくAdWordsと異なり、AdSenseはお金を支払うサービスのため、Google内において人的リソースの優先順位が低い
2. 少ない人的リソースで多くのサイト運営者（日本において10万サイト以上）をマネジメントするため、主に収益を元にしてサイト運営者を優先順位づけし、異なるサービスレベルで対応している
3. そのため、双方向の手厚いサービス（いわゆる担当者）とやり取りできるサイト運営者はかぎられている

このように、他社サービスやGoogleの他サービスと比較してそれほど手厚いとはいえないAdsenseのサイト運営者向けのサポートですが、これからお話しするようにいくつかサポートのチャネルは用意されています。

どのくらいの収益をあげれば担当者とコミュニケーションがとれるのか

担当者とのコミュニケーションにはいくつかレベルがあります。まず知っておきたいのは、**収益などを元にして、サイト運営者をいくつかのグループに分類している**ということです。大まかにいうと、下記の分類となります。

1 超大手サイト（数十社程度）

- 月間収益数千万〜数億円レベル
- 個別契約

Googleからの招待制のため、基本的にここを目指すことはできない。
AdSense以外の戦略的提携も含む。

2 大手サイト（数百社程度）

- 月間収益数百万〜数千万円レベル
- ここから下は同じ契約に基づく

Googleからの招待制で専任担当者がアサインされる。収益以外にもサイトのジャンルやクオリティ、ポリシー違反履歴が少ないなどの基準があり、個人サイト運営者でここを目指すのは現実的ではない。

3 中規模〜大手サイト（数千社程度）

- 月間収益数十万円レベル

専任担当者はアサインされないが、AdSense最適化担当者からのメール／ハングアウトなどでのAdSense収益向上に関する提案を受けられる。個人サイト運営者でも十分に受けられるサービス。

4 小規模〜中規模サイト

- 月間収益数万円レベル

お問い合わせフォームからのメールサポートは受けられる。個別提案はなし。

5 小規模サイト

- AdSense収益はほとんどなし

問い合わせフォームからのメールサポートなし、ヘルプセンターのみ。

「❸中規模〜大手サイト」に該当する月間数十万円くらいの収益があれば、サイトにあわせた個別の収益向上提案を受けることができます。直接AdSense最適化担当者と電話、Googleハングアウト、メールにて双方向でやり取りすることができます。

残念ながら専任担当者ではないため、好きなときに問い合わせをすることはできません。先方とスケジュールを調整し、その時間帯にコミュニケーションをする形となります。また、基本的にトラブルシューティングやポリシーに関する内容については対応してもらえず、主に収益向上に関してのみの対応です。

ちなみに、日本のAdSenseの収益を100とした場合、「❶超大手サイト」と「❷大手サイト」の合計収益で50を超えます。アカウント数では1%にも満たないにもかかわらず、収益は半分以上を占めるわけです。AdSenseはアカウントの数ではロングテールといえますが、収益の点では非常にヘッドの分が大きいといえます。それだけにGoogleとしてもヘッドである❶と❷に社内の人的リソースを集中して投下しているということになります。

Googleå担当者とのやりとりのポイント

SEO対策にしてもAdSenseにしても、Google担当者と会う機会は限られています（セミナーやイベントなど）。また問い合わせをしても、ひな形メールの返答しかないということもよくあります。

それゆえにロボットが運営していると思われがちですが、**実際に問い合わせに対応するのは生身の人間**です。AdSenseで警告が来たときや、より大きい収益を目指す場合のアドバイスが欲しいときに問い合わせをする場合は、基本的にビジネスマナーを守り、そしてわかりやすく伝え、相談することが重要です。

このような対応は具体的かつ迅速な返信をもらうときのポイントです。

Check!

1. AdSenseに関してGoogle担当者と直接やり取りすることは他サービスと比較して難しい状況
2. サイト運営者は収益などを元に分類されており、それぞれでサービスレベルが異なる
3. いいサービスを受けるためには収益をあげて、サイトのクオリティを上げることが必要

Chapter - 2

トップアフィリエイターと元 AdSense 担当が教える稼げるノウハウ

ここではAdSense収益をあげるために、どのようなコンテンツを制作し、どのように集客し、どのような広告配置にすれば収益が拡大するのかを具体的に説明していきます。

第1フェーズ：メディア作り

プロの技 10 クリック率が上がるコンテンツの作り方

プロの技10 プロの技11 では、クリック率とクリック単価の高いコンテンツの基本についてお話しします。「どのようなサイトを作っていけばいいのか」「どのように集客していけばいいのか」などの具体的な話の前に、AdSenseの仕組みから考える、コンテンツの方向性について説明していきます。

Point

- サイトの傾向から広告配信される
- ユーザーの行動の傾向から広告配信される
- 広告配信の仕組みからコンテンツの切り口を考える

適切な形でクリックを増やしたいのがGoogleの本音

Googleは、なるべく広告をたくさんクリックしてもらえるような仕組みを作っています。もちろん意味のないクリックや不正クリックに関しては厳しい対応をしていますが、AdSense広告は**有意義なクリックが増えれば増えるほど、広告主にとってたくさん集客することができる強い味方**になるからです。

またアフィリエイターにも「収益があがりやすい仕組み」と理解してもらえれば、AdSenseに参加する人が多くなるので、さらにAdSenseの集客力が増します。

AdSense広告はどのように配信される？

ところで、どのような仕組みを使ってAdSenseは広告を配信しているのでしょうか。結論からいうと、**AdSenseが貼られているサイトの傾向とサイトを見ている人の傾向を加味して広告を配信**しています。

1 貼られているサイトの傾向

たとえば「婚活系サイト」にAdSenseを貼りつけると、

- 「婚活アプリ」の広告
- 「結婚相談所」の広告

などが配信されます。これが「AdSenseが貼られているサイトの傾向」を加味した配信方法です。

2 サイトを見ている人の傾向

たとえば、出張に向けてビジネスホテルを予約するために旅行サイトを見たあとに、「さまざまな旅行サイトの広告」や「旅行ツアーの広告」が表示された経験はないでしょうか？

実は、AdSenseは皆さんが使っているパソコンやスマートフォンを解析して、「このスマートフォンでは脱毛サロンについてよく調べているから脱毛の広告を配信しよう」「このパソコンでは育毛関連のサイトをよく見ているから育毛シャンプーの広告を配信しよう」というような仕組みを作っているのです。

● GoogleAdSenseの広告配信

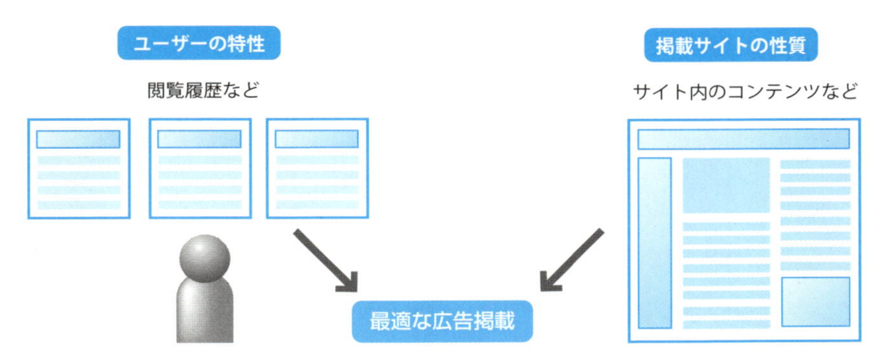

「深い悩み」を持っている人の特徴とは

下の表は、弊社のアフィリエイトサイトのGoogle Search Console（旧Googleウェブマスターツール）のデータです。各キーワードの「❷過去４週間分の検索回数（予測）」「❸インプレッション数」「❹クリック数」「❺表示順位」を示しています。

● 各キーワードの「ある月の検索回数」「インプレッション数」「クリック数」「表示順位」

❶キーワード	❷検索回数	❸インプレッション数	❹クリック数	❺表示順位
A 婚活地獄	2,400	229	6	28.1
B 大人婚	390	77	2	29.7
C 余興　ネタ	3,600	23	4	27.3
D 卒業ソング　定番	2,900	46	2	30.4

❶ **キーワード：**「悩みが深いと予測されるワード」として「婚活」関連のキーワードを、「情報収集が目的と予測されるワード」として「余興　ネタ」関連のキーワードをピックアップ

❷ **検索回数：**そのワードがGoogle検索された回数（予測数）

❸ **インプレッション数：**自サイトへのリンクがGoogle検索の検索結果に表示された回数

例 3ページ目に自サイトへのリンクが表示されているとして、ユーザーが2ページまでしか見なかった場合はインプレッション数に入らない

❹ **クリック数：**検索結果に表示された自社サイトへのリンクがクリックされた数

❺ **表示順位：**検索結果に表示された自社サイトへのリンクが何番目か

1 表示順位

まず、表中の「❺表示順位」の数字に注目してください。どのワードもほぼ、20位台の範囲におさまっていることがわかります。Google検索の場合、検索結果は1ページにつき10件表示されることが一般的です。

20位台といえば3ページ目での表示となりますが、決して上位に表示されているとはいいづらい状況です。

2 インプレッション数

次に、「❸インプレッション数」を見てみましょう。インプレッション数は、**自サイトが検索エンジン上で何回表示されたか**を表します（下表参照）。

たとえば、「A婚活地獄」というキーワードの場合、「❺表示順位」は28.1位で3ページ目に自サイトへのリンクが表示され、「❸インプレッション数」は229でした。一方、「C余興　ネタ」の「❺表示順位」は27.3位で同じく3ページ目での表示にもかかわらず、「❸インプレッション数」は大きく下回る23です。

インプレッション数を検索回数で割った「インプレッション率」は、「A婚活地獄」が9.5%、「C余興　ネタ」が0.6%となり、こちらも大きく差がつきました。

❶キーワード	❷検索回数	❸インプレッション数	❹クリック数	❺表示順位
A 婚活地獄	2,400	229	6	28.1
C 余興　ネタ	3,600	23	4	27.3

この数字からわかることは、**深い悩みを解決したい人がGoogle検索を行う場合、検索結果のかなり下の順位まで見ている**ということです。「A婚活地獄」でいえば、2,400回の検索中229回も表示されているということは、約10%の人がGoogle検索の3ページまで調べ込んでいると考えられます。

その一方で「余興　ネタ」や「卒業ソング　定番」のようなワードは、それほど深い悩みを持って検索するわけではありません。わざわざ検索ページの3ページ目まで読む人が少なくなるのは想像しやすいでしょう。

広告配信の仕組みを知るとクリック率もアップする

ここで、40頁でお話ししたGoogleAdSenseの広告配信の仕組みを思い出してください。どのような広告が表示されるかは、「**ユーザーの特性**」と「**掲載サイトの性質**」によって決まるのでした。

深い悩みについて情報を求めているユーザーは探求意欲が高く、その悩みを解決してくれるほかのサイトも見ています。ユーザーがこのような行動をとると、「ユーザーの特性」と「掲載サイトの性質」の条件の両方を満たし、**その悩みを解決する広告が配信される可能性が高くなります**。そしてその悩みに関連した広告が配信されると、ユーザーも広告内容に興味を持っている可能性が高いので、クリック率も上がる傾向にあります。

深い悩みを解決しようとするコンテンツは収益があがりやすいだけでなく、ユーザーの役にも立つのです。

Check!

1. AdSenseの配信の仕組みを知ろう！
2. 深い悩みを持っている人はかなり情報収集している
3. 深い悩みを解消するためのサイトはクリック率が高い傾向にある

プロの技 11 クリック単価が高くなるコンテンツを知る

ここではクリック単価が高くなる仕組みについて紹介します。どのようなジャンルでもいいので、同じ興味をもったユーザーをしっかり集めることができれば、クリック単価上昇に繋がります。

Point

- 広告主は１クリックあたりの広告費を変更できる
- 広告主はどのサイトに広告を配信するのか決定できる
- 広告主に好かれればクリック単価は高くなる

特化したサイトはクリック単価が徐々に高くなる

何かのジャンルに特化したサイトは、クリック単価が高くなる傾向があります。特化したサイトというのは、「高齢出産をして育児をしている女性のためのサイト」や「大人ニキビに悩んでいる人のためのサイト」などのように、**細かくターゲット設定がされているサイト**のことです。

ここに関しては プロの技10 でお話ししたように「深い悩みかどうか」は特に関係ありません。

● 特化型サイト

右図のように、ひとつのテーマに関して細かくターゲットが設定されたものが「特化型サイト」。「大人ニキビに悩んでいる人のためのサイト」なら、サイト内容とマッチした「ニキビ対策商品」のAdSense広告が配信されるのでクリック率が上がりやすく、したがってクリック単価も高くなる傾向にある。

単価が上がる理由は？

特化型のサイトに配信される広告の単価が上がる理由は、大きく２つ考えられます。

1 配信される広告が非常にマッチしやすくなる

何かのジャンルに特化したサイトは、**サイトコンテンツと類似した広告が非常に配信されやすい**という傾向にあります。もちろんこのようなサイトは、クリック率が高くなる傾向にもあります。

しかしそれ以上に、その後の「ユーザーの行動」に注目したいのです。このように非常にマッチした広告が配信されると、**広告をクリックしたユーザーは商品を購入する可能性も高い**と考えられます。

広告を配信している広告主側のAdWords管理画面では、「このサイトから集客したユーザーの購入率が高いのか低いのか」というデータを見ることができます。購入率が高いサイトを見つけた場合、広告主は「このサイト経由で来たユーザーの購入率が高いから、自社の広告がたくさん配信されるように１クリックあたりの広告費を引き上げよう」という行動を取るのです。

しかも、それが１社とはかぎりません。オークション制で価格が決まっているAdWordsですから、もし**複数の広告主が同じように１クリックあたりの広告費を引き上げると、自然とクリック単価も高くなる**のです。

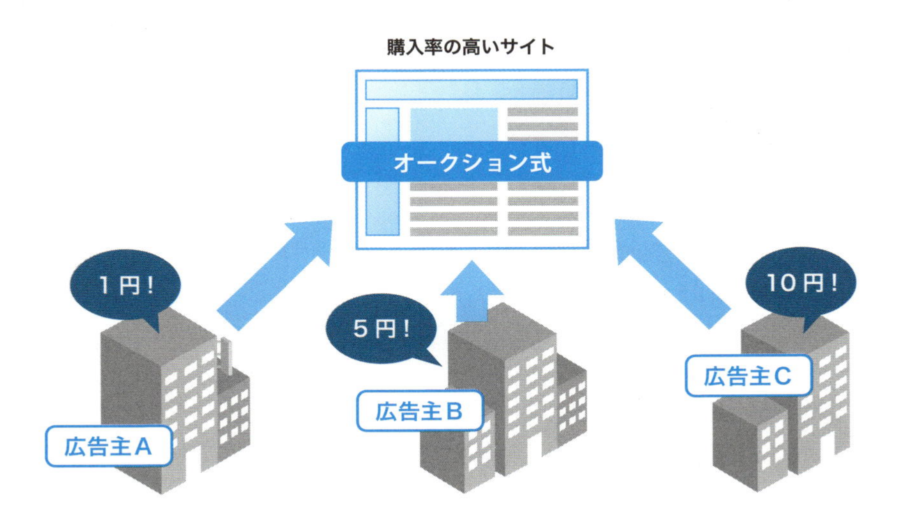

2 広告主側からの「指名買い」が入る

AdWords広告を使って広告を出稿すれば、Google側がAdSenseを貼りつけているサイトを自動的に見つけて広告を配信します。しかし、実はそれだけではありません。広告主側が広告を設定するGoogleAdWordsでは「このサイトに広告を配信しよう」という指定をすることもできます。この機能を、「**手動プレースメント**」といいます。

もし何かのジャンルに特化しているサイトなら、「このサイトは自社の商品を買ってくれるユーザーがたくさん来ているだろうから、広告を配信するように設定しよう」ということが頻繁に起こります。

１クリックあたりの広告費用はオークション制で決まっています。したがって、**手動プレースメントしてくれる企業が増えれば増えるほど１クリックあたりの広告費が上がり、AdSenseをクリックされたときのクリック単価も上がっていく**のです。

● GoogleAdWordsの手動プレースメント設定画面

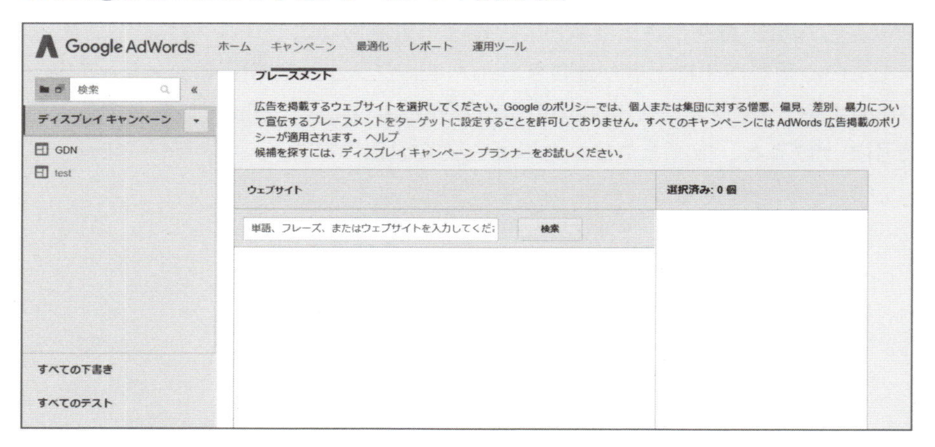

GoogleAdWordsの管理画面から、１クリックあたりの単価を調整できる

Check!

1 特化型サイトでユーザーを絞り込もう
2 クリック後の購入率もクリック単価に影響してくる
3 広告主の「指名買い」を増やそう

第1フェーズ：メディア作り

プロの技 12 AdSenseで稼いでいる人のジャンルを知る

深い悩みのコンテンツはクリック率が高く、何かに特化したコンテンツはクリック単価が高いとお話ししました。ではAdSenseで稼いでいる人は具体的にどんなジャンルのサイトを作っていることが多いのでしょうか。

Point

- BtoBや不動産など、大きなお金が動く分野は収益が大きい
- 趣味関連、婚活関連などのように特化したようなサイトも収益化しやすい
- 幅広いジャンルを取り扱うサイトもAdSenseなら収益化しやすい

AdSenseで収益率が高いジャンル

Googleの中からAdSenseに携わってきた者と、多くのアフィリエイターと関わってきた者が見てきた傾向から、収益が高いサイトについて7つのジャンルをご紹介します。

1 趣味関連のサイト

趣味といえば、「ゴルフ」「釣り」「車」「バイク」「筋トレ」「カメラ」「旅行」などがあります。もちろん趣味は幅広く、これだけにとどまりません。「AdSense」や「アフィリエイト」という言葉を知らない人も、これらのジャンルのサイトやブログを運営していることが多いです。

これらのジャンルは、趣味関連のアフィリエイト商材が少ないことが少々ネックです。しかし、**AdSenseならサイトにピッタリの広告が配信されることも多く、クリック率が高い**傾向にあります。

「自分の趣味を活かしたブログをやりたい！」という人はAdSenseがお勧めです。

2 不動産関連のサイト

結婚し家族を持つと「マンションを買うの？」「新築のマンション？　中古のマンション？」「一軒家？」「場所は？」「治安は？」「売るときはどんな間取りの部屋が有利？」などと、さまざまな悩みが出てきます。

このようなサイトに配信される広告は不動産関連のものが多く、クリック単価が高い傾向にあります。なぜなら**「売れたときの金額」が大きいため、広告予**

算を高くとっている企業が多いからです。

わかりやすい例で説明すれば、1クリックあたり500円で広告を出して1,000人がクリックすると50万円の広告費がかかりますが、その中で1人でも5,000万円のマンションを購入してもらえるのであれば、クリック単価を上げても利益に繋がるのです。

3 婚活関連のサイト

プロの技10 でもお話ししたとおり、婚活の悩みに関するブログやサイトは**悩みが深いため、クリック率が高い**傾向にあります。通常のアフィリエイトだとどうしても、婚活サービスサイトのみに偏ってしまいますが、AdSenseを利用することによってさまざまな婚活に関する広告を表示することができます。

また婚活関連サービスは月々の利用料金が発生するので、**広告単価も高くなる**傾向にあります。

ただこのジャンルは悩みが深いだけあり、すでにユーザーもいろんな情報を収集しています。寄せ集めの情報の羅列ではなく、深く言及するサイトを作りましょう。

4 育児関連のサイト

育児関連も婚活と同様に悩みが深いため、クリック率が高いです。またはじめての妊娠から子育てというのは不安がいっぱいなので、ユーザーもかなりニッチなキーワードで検索することが多いです。たとえば、はじめてベビーカーを買う際にどのような基準で選べばいいのか気になり、あらゆる検索キーワードで検索したりします。

このような分野は**さまざまな切り口でコンテンツを制作することができるので、サイト運営が比較的簡単**です。また競合性の低いキーワードも多いため検索エンジンでも上位表示されやすく、集客がしやすいという特徴もあります。

ただし、育児関連でも「子供の湿疹」や「下痢」の悩みなど、健康関連に関する分野はGoogleも上位表示するのに信頼性を重視しています。情報の正当性に気を使い、場合によっては医師に取材や監修をしてもらうといいでしょう。

5 BtoB向けメディア

商品やサービスの購入金額が高かったり、購入に至るまで時間がかかるため、BtoBのような企業向けサービスのアフィリエイトはハードルが高いものです。しかしAdSenseの場合はクリックされるだけで報酬が発生するので収益化しやすいうえ、**BtoB商品は大きなお金が動くのでクリック単価も上がる傾向にあります**。

ただしBtoBメディアは専門的な知識が必要なので、法人が自社サービスへの誘導のためにメディア運営していることがほとんどです。個人でBtoBメディアを運営している事例としては、前職のノウハウを活かすパターンが多いです。

6 総合的な女性向け、男性向けメディア

ジャンルに特化しているもの、悩みが深いものとはかけ離れますが、**ターゲットを大きく設定するメディアもAdSenseに向いています**。

サイト自体は何かに特化しているものではありませんが、「ダイエット」「美白」「育児」「妊娠」「恋愛」など、多種多様な記事を公開しているようなサイトです。これらは**記事にあわせて商品をアフィリエイトしながら、AdSenseも貼りつけている**というメディアが多いです。

また最終的には純広告や記事広告で収益をあげるため、ジャンルを絞らず大きなPV（アクセス数）を集めるイメージですが、純広告や記事広告などで収益をあげられるようになるまでは、AdSenseを収益の柱としているパターンもあります。

7 SNSウケするメディア

感動系、泣ける系、笑える系の記事はSNSでの集客がしやすく、拡散させることも比較的簡単です。しかし集客できるユーザーが不透明なため、なかなかアフィリエイトで収益化することが難しいという一面もあります。コンテンツに合致した商品が少ないため、アフィリエイトを利用して何かの商品を紹介するのが難しいのです。

しかし、ターゲットにあわせた広告を配信できるAdSenseなら収益化しやすいので、これらのメディアもAdSenseに向いています。

このように、アフィリエイトでは稼ぎづらかったジャンルのサイトでも収益化に結びつくのがAdSenseのいいところです。

Check!

1 意外とAdSenseと相性のいいジャンルは多い
2 大きな金額が動くジャンルも狙い目
3 ターゲットを広く設定する場合もAdSenseが有利

プロの技 13 SEO対策・SNSで集客しやすい記事を書いてアクセスアップ

AdSenseに向く集客手法は「SEO対策」と「SNSでの集客」です。これらの集客手法に適しているのはどのような記事なのかをお話しします。具体的なライティング手法などは プロの技14 以降で説明しますが、ここではどのような記事を書くべきかを見ていきましょう。

Point

- まずはどんなコンテンツの種類があるのかチェック
- 商品を売らなくてもいいので自由にコンテンツを考えよう
- ユーザーの視点に立ったコンテンツ作りをしよう！

SEO対策とSNSで集客するための記事の種類

AdSenseサイトの集客の手段としては、「検索エンジンから集客をする」「SNSを使って集客をする」という選択肢がほとんどです。

またAdSenseはアフィリエイトと異なり、商品紹介系のコンテンツを作る必要がないので、「ノウハウ」「読みもの」「笑える＆感動話」などSNSでシェアされやすいコンテンツを作って収益化できるという強みもあります。

そこで、どのようなサイトの記事を作るにしても共通するSEO対策と、SNSで集客するための記事作りの方法についてお話しします。

❶ ノウハウ系コンテンツ　SEO対策向き　SNS向き

ノウハウ系のコンテンツは**SEO対策でも上位表示されやすく、さらにSNSでも狙っているターゲット同士でシェアされやすい**傾向にあります。

またこのようなノウハウは、悩みが深いものを解決するものほどいいでしょう。例のようなコンテンツだと「妊娠　足がつる」「妊娠　足がつる　原因」などで上位表示できれば、しっかりと集客することができます。

> 例　妊娠中期に「足がつる！」その原因と解消法とは？

❷ アンケート調査系コンテンツ　SNS向き

アンケート調査系のコンテンツは**SNSで拡散されやすい**傾向にあります。「みんなどう思っているんだろう？」と気になるアンケートほど拡散されます。

またプレスリリースなどを出せば、大きなメディアや運がよければYahooニュースなどに取りあげられることもあります。

> 例 新米ママ100人に聞きました！　旦那の「ウザい」ところTOP10

③ まとめ、比較、一覧系コンテンツ　SEO対策向き　SNS向き

このジャンルのコンテンツは、**購買意欲の高いキーワードで上位表示されやすい**です。たとえば例のような記事なら、「ベビーカー　比較」というようなキーワードで上位表示されやすいです。

また、これらの記事は**「あとでしっかり読みたい！」という欲求が働くので、はてなブックマークなどでも拡散されやすい**です。

> 例 【最新】2018年モデルおすすめベビーカーまとめ！　9社を徹底比較

④ おもしろ！泣ける！共感系コンテンツ　SNS向き

共感系コンテンツはFacebook、Twitter、LINEなどで拡散されやすいです。継続的に集客はできませんが、**瞬間的な爆発力が期待できます**。

また継続的にこのようなコンテンツを追加していけば、自分が作っているサイトのファンが増え、リピート訪問も増えてくれます。

> 例 疲れきったママを見て息子が言った一言が泣ける……

⑤ インタビュー系コンテンツ　SEO対策向き　SNS向き

権威づけされた記事は拡散されやすい傾向にあります。またインタビューした人が自分の記事を紹介するために、TwitterやFacebookで告知してくれると、一層効果的です。

またインタビュー内容がノウハウ系のものであれば、SEO対策でも上位表示しやすいです。

> 例 テレビで話題の○○氏に聞いた！　イヤイヤ期の子どもに言ってはいけないこと

⑥ ニュースやトレンド系コンテンツ SNS向き

こちらもSNSで拡散されやすいコンテンツです。一時的に話題になっている間は検索エンジンでも上位表示されますが、長期的に上位表示されることはありません。

> 例 子育て終了世代は驚愕！　最新の「ベビーカー」が進化している件

⑦ 芸能人・著名人コンテンツ SEO対策向き

芸能人・著名人コンテンツは、定期的にその名前で検索されるという強みがあります。また、その芸能人・著名人がテレビや雑誌などに出るたびに検索数が伸びることがあります。

そのほかにも、まださほど知名度が高くない芸能人・著名人がはじめてテレビに出るタイミングを狙って記事を書くと、一気に集客できることもあります。

> 例 「おかあさんといっしょ」次のうたのおねえさんってどんな人？

⑧ テレビ系コンテンツ SEO対策向き SNS向き

テレビ系コンテンツは、放映される前に記事にして投稿しておくことが重要です。放映されたときの集客力はとても高く、またSNSなどでも拡散されやすいです。ただし、長期的な集客には繋がりません。

> 例 「ためしてガッテン」で話題！？　ヨーグルトで免疫力がアップ？

このようにAdSenseに向く記事はたくさんあります。次頁以降で、それぞれの具体的な記事の書き方をご紹介していきます。

Check!

1. AdSenseサイトはSEO対策とSNSで集客
2. お金を使う集客方法は採算があわない
3. 記事の種類は意外と多いのでまずは理解しよう

プロの技 14 ノウハウ系コンテンツの作り方

ノウハウ系コンテンツは検索エンジンでも上位表示されやすく、SNSでも拡散されやすいです。ここでは読みごたえがあり、ユーザーに受け入れられるノウハウ系コンテンツの作り方をご紹介します。

Point

- どのようなキーワードで上位表示するのか決めよう
- そのキーワードで検索している人のことを考えよう
- ライバルに負けないコンテンツを作ろう

主観的なノウハウ系コンテンツは受け入れられない

ノウハウ系コンテンツとは、**何か悩みがある人にとって「その悩みを解消する」「その悩みの原因を深く追求する」コンテンツ**です。これを作るときにやってはいけないのは、**何も調べずに経験や主観だけで記事を作成すること**です。

確かに、体験談や経験を読んで役に立つ人もいるかもしれませんが、それがユーザー全員に当てはまるとはかぎりません。また、検索エンジンの性質を考えても主観的なコンテンツは上位表示されづらいので、集客も難しくなってしまいます。では、どのようにして記事を書いていけばいいのでしょうか。

コンテンツを作ってみよう

「妊娠中期に足がつる！　その原因と解決方法とは？」というテーマを例に、ノウハウ系コンテンツの作り方について考えてみましょう。

1 まずは調べてくれるユーザーのことを考える

まず、はじめに自分の記事が**どのようなキーワードで検索している人の役に立つのか**を考えてください。集客のことを考えると、より多く検索されているキーワードのほうがいいことが理解できるはずです。

以下は、Googleキーワードプランナーを使って、月間検索回数を調べたものです。ここでは、候補にこのようなキーワードがあがると考えられます。

「妊娠　足がつる」 720回　　「妊娠中　足がつる」 880回
「妊婦　足がつる」 1,900回

● Google キーワードプランナー　指定したキーワードの月間検索数を確認する画面

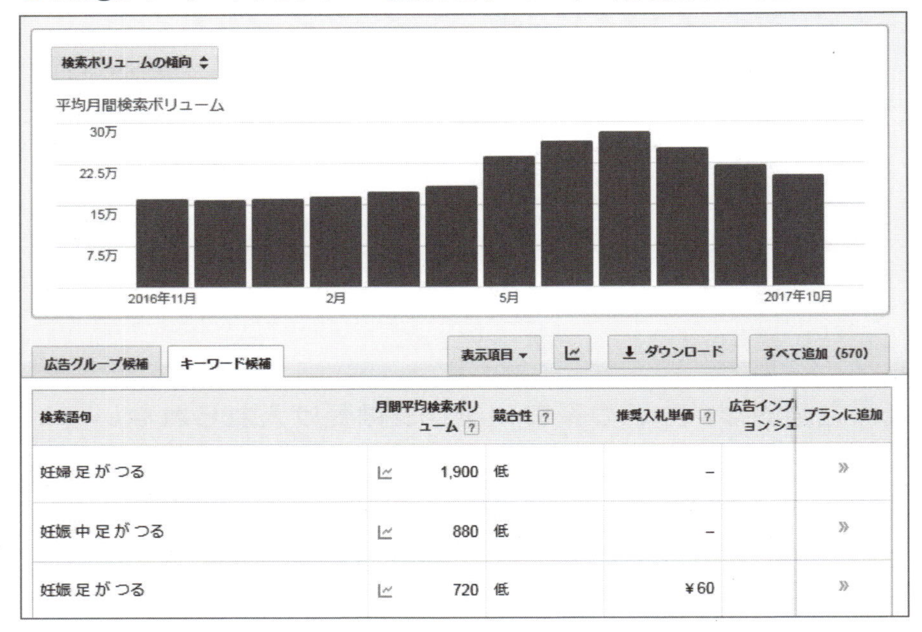

検索語句	月間平均検索ボリューム	競合性	推奨入札単価	広告インプレッションシェア	プランに追加
妊婦 足 が つる	1,900	低	–		»
妊娠 中 足 が つる	880	低	–		»
妊娠 足 が つる	720	低	¥60		»

検索数が多いキーワードだと、さまざまなブロガーやアフィリエイター、企業がSEO対策で上位表示したいと考えているので、上位表示までに時間がかかってしまいます。検索回数だけでは競合性は測りきれませんが、ここでは月間平均検索ボリュームが最も多い「妊娠　足がつる」というワードで検索している人に対して記事を書くこととします。

これから紹介するのは、医療健康系の事例です。2017年12月6日にこれらのジャンルに関するGoogleアップデートがあったように、医療健康系のコンテンツは情報の正当性が求められているので、情報の正当性に注意し投稿していくようにしましょう。

2 検索エンジンを駆使して書くべき情報を決定する

❶ キーワードを検索エンジンで調べる

自分が上位表示したいと思っているキーワードで検索してみましょう。他社のサイトがどのような記事を書いているのかチェックするのです。どのような記事を書けばいいのかわからない人にとっても他社サイトは参考になりますし、ライバルサイトに負けない記事作りを心掛けるのが重要です。

妊娠　足がつる 

すべて　動画　ショッピング　画像　ニュース　もっと見る ▾　検索ツール

約 411,000 件（0.35 秒）

妊婦の足がつる！原因、対策、予防法は？妊娠中は要注意！ - こそだて ...
192abc.com › 妊娠・出産 › 妊娠中期 ▾
2015/01/20 - 妊婦さんの多くは、「**足がつる**（=こむら返り）」ということを経験します。**妊娠**前はつったことなどなかった方でも、**妊娠**をきっかけにつりやすくなることもあります。なぜ妊婦さんは足がつりやすいのでしょうか？今回はその原因や対策、予防法 ...

妊娠中に足がつる原因と対処法 - 妊娠育児の情報マガジン「ココマガ」
cocomammy.com/pregnancy/foot-chord/ ▾
2015/01/18 - **妊娠**してから**足がつる**ことが数多くあります。足のつりは痛みも伴い、治るまでに時間もかかる上に、癖になるため避けたいものです。そこで今回は、**足がつる**原因と対処法についてご紹介します。
足がつる症状とは - 妊娠中に足がつる原因と対策方法 - 足がつってしまったら

妊婦・妊娠中に足がつる原因とは？ | ヘルスケア大学
www.skincare-univ.com/article/004977/ ▾
妊娠中期から後期にかけて、寝ている時などに**足がつる**・こむら返りが起きることが多いと言われています。この**妊娠**中に起きる**足がつる**・こむら返りの原因について、ドクター監修の記事で解説します。

❷ 各サイトから得た情報をピックアップする

各サイトの情報を収集してそれをまとめます。弊社では１～20位のサイトの情報をすべてピックアップするようにしています。

● まとめ作成例

【１位のサイトに書かれていること】

- 足がつる原因
  - ・血行が悪い
  - ・ミネラル不足
  - ・体質の変化
- 予防法
  - ・骨盤を締める
  - ・食生活の改善
  - ・ウォーキング
- こんなときは病院へ
- 足がつるのは生理現象

【２位のサイトに書かれていること】

……

❸目次を作る

ピックアップした項目を「大目次」「中目次」「小目次」に分け、目次作りをしていきます。

● **目次作成例**

タイトル【妊娠中期に足がつる！　その原因と解決方法とは？】
《導入》
《大目次》●足がつってしまう原因
《中目次》
・血行が悪い
・ミネラル不足
・体質の変化
・骨盤のゆるみ
・筋肉量の減少
・食生活の乱れ
・ビタミンB1不足
・体の冷え

《大目次》●足がつらないように予防しよう！
《中目次》
・骨盤を締める
・食生活の改善
・ウォーキング

このようにして**ライバルである1～20位のサイトを網羅**し、そこに「体験談」「個人の感想」「オススメグッズ」などの**独自コンテンツも追加**して記事を書きます。ここまで徹底すればライバルサイトに勝るコンテンツになり、検索エンジンでも上位表示されやすくなります。

ただしあくまでもライバルサイトを参考にするのであって、記事そのものをコピー＆ペースト・盗用するのは当然NGです。

3 ユーザーの必要としている情報を追加する

ライバルサイトがどのようなことを書いているのかをチェックしたあとは、一般のユーザーがどんなことに不安や疑問を持ち、困っているのかを調査し、それらに回答する文章も追加するようにしましょう。

ここでは主に、Yahoo!知恵袋などの質問サイトを参考にします。

今回の「妊娠　足がつる」というワードであれば、Yahoo!知恵袋で「妊娠　足がつる」「妊婦　足がつる」などのキーワードで検索し、**先ほど目次を立てた記事の中で説明できていない質問を目次に追加して記事化していきます**。

● **追加記事作成例**

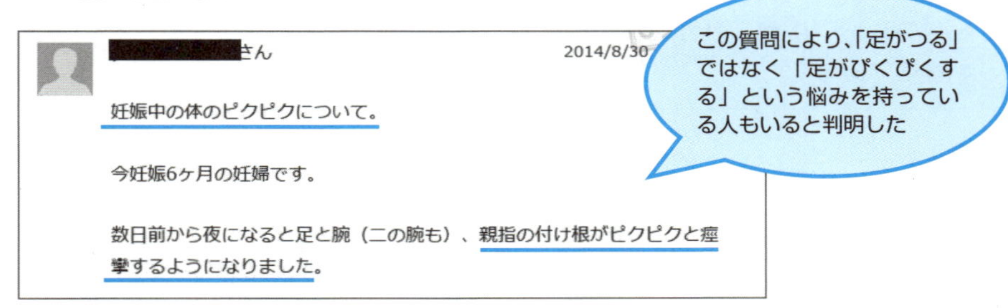

➡「足がぴくぴくする」現象についても、調べて記事にすることにした。

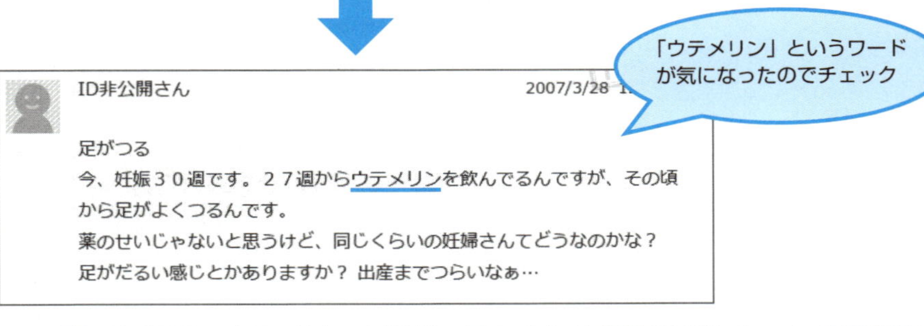

➡ 調べた結果、ウテメリンと足がつることには関連性がなかったので記事の中では触れないことにした。

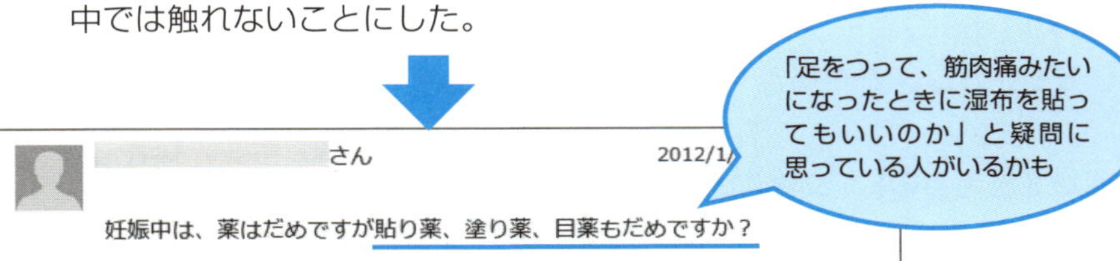

➡ 足がつることとは関係ないが、湿布や塗り薬についても記事の中で説明することにした。

このように、１つの記事を書くときのネタ探しとしてYahoo!知恵袋などのFAQサイトは非常に使えます。

役立つコンテンツは「文字」だけじゃない

ここまで紹介してきた方法以外に、次のような切り口も検討してみましょう。

- 動画で紹介する
- 口コミをSNSから引用する
- 画像で伝える

たとえば、記事の途中で動画を入れて説明するのもいいでしょう。「ストレッチ方法」「筋トレ方法」など動画で見せたほうが伝わりやすい情報は、文字で伝えるのではなく、YouTubeなどで動画を探してシェアするようにします。

またある特定の商品について書くときは、SNSで発信された情報を引用するのも効果的です。特に口コミサイトなどは、ライバル業者の嫌がらせの口コミや自社による過大評価のレビューなどがありますが、SNSのつぶやきや投稿は「業者によるものなのか」「一般ユーザーが発信したものなのか」がわかりやすいためお勧めです。ぜひ、インスタグラムやTwitterから引用してみましょう。

● コンテンツに動画を組み込んだ例

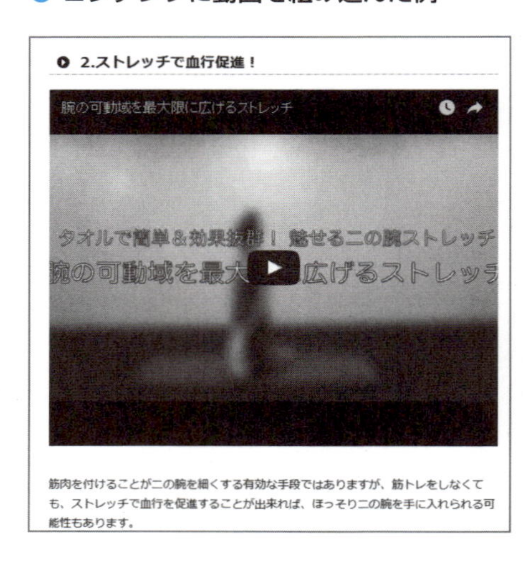

何かを伝えるのに、文字にとらわれる必要はありません。このように工夫すると、ユーザーにも魅力的に感じてもらえ多くの読者を抱えるサイトやブログになるでしょう。

Check!

1. ライバルサイトを網羅するつもりで記事を書く
2. それに加えてFAQサイトの質問も参考にする
3. 文字だけでなく、動画、画像、イラスト、SNSの投稿も使う

第1フェーズ：メディア作り

プロの技 15 アンケートを使ったコンテンツ作りをマスターする

アンケート調査系コンテンツはFacebook、Twitter、はてなブックマークなどのSNSで拡散されやすいです。では一体、どのようにしてアンケートを実施しコンテンツを作ればいいのでしょうか。

Point

- アンケート調査系のコンテンツは拡散されやすい
- 実は簡単にアンケートをとれる
- アンケート調査の結果を伝えるコンテンツ力も重要

アンケート調査系コンテンツはバズりやすい

アンケート調査系コンテンツとは、**アンケートサービスや調査会社を利用して取得したアンケートをもとに作る**コンテンツです。アンケート内容は「生活」「恋愛」に関する身近なものから、Webの意識調査など専門的なものまであります。

これらのアンケート調査をもとにしたコンテンツはSNSを通じて非常に拡散されやすい傾向にあり、SNSからの集客や、SNSからの拡散から派生した被リンクを獲得したい場合などに向いています。

SNSで拡散されやすいアンケート内容

❶恋愛系

最近では「婚活」がブームを通りすぎて世間に定着してきたので、婚活を含めたアンケートは拡散されやすいです。女性に向けたアンケートであっても「2ちゃんねる」で男性が話題にすることもあるので、派生効果は抜群です。

❷「どっち派？」系

アンケートといえばさまざまな質問をするものですが、「どっち派」のアンケートは非常にシンプルです。「犬とネコ、どっち派？」のように、できるだけ身近なものがいいでしょう。

❸トレンド系

今旬の出来事に対する意見を世間に投げかける「トレンド系」のアンケートは

意見を書き込みやすく、SNS上で拡散されやすいです。「政治家の不祥事」「スポーツ選手の大記録」「芸能人のスキャンダル」「話題になっているサービス」などに対して、どのように思っているのかを聞きます。

アンケートをWEB上で簡単に取得する方法

「アンケート調査」というと、いかにも大がかりでお金がかかるイメージがあるかもしれませんが、Web上のサービスをうまく活用すれば、気軽にアンケート結果を取得することができます。

● アンとケイト

Web上でアンケートを行うサイトとして、有名なのが「アンとケイト」です。モニターに対して気軽にアンケートを取得することができます。料金は、**「1人」×「1問」の組みあわせで10円**です。たとえば300人に対して4問の質問をしたい場合は、「300人×4問」で1万2,000円かかるという仕組みです。

会員数も100万人以上、年齢構成も10～70代と幅広いのが特徴で、スムーズ&低価格でアンケート調査を実施できます。

https://www.ann-kate.jp/（アンケートの回答をしてお小遣い稼ぎしたい人向けURL）
http://research.ann-kate.jp/（アンケートを収集したい人向けURL）

● ランサーズ

クラウドソーシングサービスにも、アンケート機能があります。クラウドソーシングに登録している会員に対してアンケートを行え、1回答あたりの金額も自由に設定できるので、一番安くアンケートを収集したいならオススメです。

ただし、次頁のように「一人あたりの制限」の箇所を「制限しない」に選択しておくと、1人の人がお小遣い稼ぎをしようと何度も回答をすることがあるので注意しましょう。

STEP 6. 作業単価や件数などを入力しましょう

作業単価×件数 必須 円 × 件 + 0 円（消費税）= 0 円（税込）

※ 1件あたり最低5円以上で設定してください。

※ 上記合計金額は想定です。承認件数が設定件数に満たない場合はこれよりも低くなります。

作業公開 任意 ◉ ゲストを含むすべてのランサーに作業詳細を公開する

○ 作業詳細は作業するランサーにだけ公開する

※ 作業前に作業詳細が分かると、作業に参加するランサーが増えます。

一人あたりの制限 任意 ◉ 制限しない ○ 制限する 件 / 人

※ 早期に作業完了させるため、多くの方が制限なしを選択しています。

http://www.lancers.jp/

● Twitter

Twitter にもアンケート機能があります。Twitter 利用者に対してアンケート調査をするものですが、「身近なアンケート」「回答しやすいアンケート」の場合は、アンケートに投票したあとにつぶやいてくれる人も現れます。

アンケート調査しながら自分のアカウントを拡散できる可能性もあり、オススメです。もちろん無料です。

アンケート記事を書くときのポイント

アンケートを収集したら、それを元に記事を書きます。いくらいいアンケートを取っても、記事が魅力的でなければ拡散されることはありません。

1 結果から書く

そのアンケート記事を読む人が一番知りたいことは「アンケート結果」です。アンケート結果はできるだけ前に持ってくるようにしましょう。

アンケート結果をはじめのほうに記載しないと、アンケート結果を書いた個所まで一気に読み飛ばされてしまいます。

2 グラフや表を使う

アンケート収集自体は「数値」であがってくることがほとんどですが、数値で公開しても見づらいので**「円グラフ」「棒グラフ」「曲線」**などを利用してわかりやすく表示しましょう。

3 アンケート内のおもしろコメントも載せる

アンケート収集をするとき「あてはまらない場合の自由項目」などを設定するかと思いますが、「突拍子もない回答」「笑える回答」「意外性のある回答」などは必ず公開するようにしましょう。

4 アンケートに対してのコメントや解説をする

そして、アンケートで得た数値に対しての「コメント」「解説」「比較」などをしたら、「アンケート収集した結果○○だから△△だろう」というところまで解説するといいでしょう。これらの**コメントや解説が拡散される要因になる**こともあります。

外注も視野に入れてみる

アンケート収集から記事を書くところまで、完全に外注するのも1つの手です。アフィリエイターやメディア運営者の間で有名な記事制作会社「shinobiライティング」では、アンケート記事を丸投げすることができます。

こちらが指定したアンケートをshinobiライティングのライターに対してアンケートを行い、アンケート結果をもとに記事制作までしてくれます。また、記事テキスト以外にもグラフなどの画像データの作成を依頼することも可能です。

● shinobi ライティング

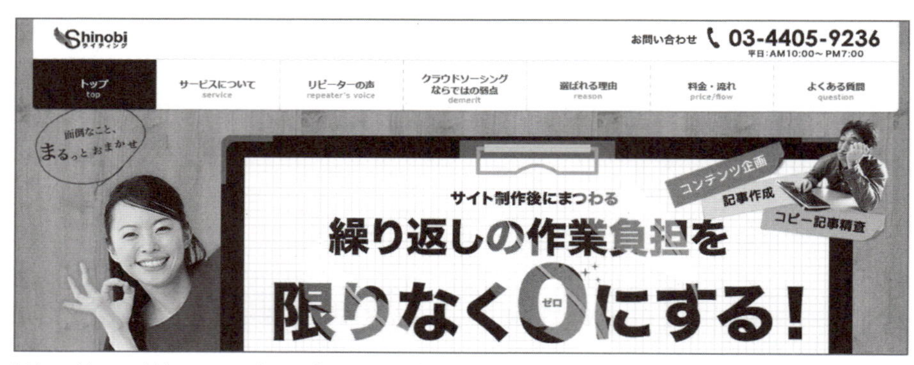

https://crowd.biz-samurai.com/corporate/

Check!

1 アンケートを作ったSNSで拡散しよう
2 拡散されやすいアンケートを覚えておこう
3 さまざまなサービスを使って気軽にアンケートを取ってみよう

第1フェーズ：メディア作り

プロの技 16 まとめ、比較、一覧系コンテンツ

日本人はまとめ記事、比較記事、一覧記事が非常に好きという特徴があります。これらはSNSでも拡散されやすく、ほかの記事よりも質の高いまとめ・比較をすることで検索結果の上位表示も可能です。

Point

- まとめ、比較、一覧記事はSNSで拡散されやすい
- SEO効果を期待できるコンテンツ
- コンテンツ作りには時間がかかる

バズりやすく上位表示されやすい理由

WEB上ではまとめ記事、比較記事、一覧記事（以下「まとめ記事」）がSNSで拡散されやすいです。その理由は、「あとでゆっくり読もう」「保存しておいていつでも見られるようにしておこう」という心理が働いているからではないかと考えています。それゆえに、「**はてなブックマーク**」というサービスのブックマーク数が増えることがよくあります。

はてなブックマーク（以下「はてブ」）は、**アカウントを作成することでネット上に自分だけの「お気に入り」一覧が作成できるソーシャルブックマーク**で、月間のベユーザーは600万人ともいわれている人気サービスです。

はてブの利用者にブックマークされると、はてブ公式サイト内でも取り上げられ話題になります。またTwitterとはてブを連携しているユーザーが、ブック

● はてなブックマーク

マークするときにコメントをすると、そのコメントがそのままTwitterでのつぶやきになります。このような関係から、はてブが起点になってSNS上で話題になることがよくあります。

もう1つ、はてブの大きなメリットとして、ブックマークが増えるとSEO的に非常に効果を発揮してくれることがあげられます。というのも、**1つひとつのブックマークに被リンク効果があるので、ブックマーク数が増えれば増えるほど被リンクが増えるのと同様のSEO効果があるの**です。

しかし、たくさんのアカウントを作って自分のサイトをブックマークするなどの行為はもちろん禁止されています。

 ほかのまとめ記事に勝つには「存在意義を消す」

はてなブックマークやFacebook、Twitterで話題になり、そして上位表示されるようなまとめ記事を作るには、ポイントがあります。それは**類似するまとめ記事の存在意義をなくすくらい、コンテンツ量で圧倒する**ことです。

弊社が作った「アフィリエイトASP一覧」のまとめ記事を例に考えてみます。

● 「アフィリエイト ASP 一覧」のまとめ記事

これを作成する前に、Googleで「アフィリエイトASP」と検索し、ほかのまとめ記事を調べました。すると、「アフィリエイトASP、38個まとめ」「アフィリエイトASP厳選18種類まとめ」など、たくさんのまとめ記事が出てきたのです。

1 「数」で圧倒する

「38」や「18」など、記事によって取りあげているASP業者の数はまちまちでした。そこで実際にはどれくらいのASP業者があるのかをまずは調べてみることにしました。

その結果、なんと62もの業者を発見したのです。この62社をすべて比較すれば、検索結果で出てきた既存のまとめ記事に勝てるのではないかと考えました。このようにまずは「数」で圧倒するということは非常に重要です。

2 「質」で圧倒する

さらに、ほかの記事を分析すると「すでに運営を休止しているASPが紹介されている」「ASPに登録せず推測で書いている」「ASPの特徴が明確ではない」など、まとめ記事としてイマイチな部分が見つかりました。そこで62社すべてのASPに登録しすべての案件を見て、どんな種類の案件が多いのか、どんな案件の報酬額が高いのかなども徹底的に調べたうえで記事を書いたのです。

このように「数」で圧倒したあとは、「質」でも圧倒することにより、さまざまなユーザーに受け入れられました。

コンテンツには意外と時間がかかるので要注意

まとめ記事は安易に作る人が多いですが、「数」と「質」でほかのサイトを圧倒し、SNSで拡散させて検索エンジンで上位表示するには、**記事の制作に相当時間がかかります**。弊社のアフィリエイトASPの記事も、ASP登録して、ASPの審査を通して、ASPの中身を見て記事を書いたので記事執筆から投稿までに2週間かかりました。

このように、まとめ記事は**集客力は高いものの、記事を作るのに時間がかかるので要注意**です。NEVERまとめなどが有名で、「まとめ記事は簡単に作れる」というイメージが強いかもしれませんが、SNSで話題になるくらいのまとめ記事を作るのであれば、質と量ともに圧倒した記事を作らないといけないのです。

Check!

1. まとめ記事はSNSで拡散されやすい
2. まとめ記事は「量」と「質」で他を圧倒せよ
3. 中途半端なまとめ記事は得策でない

プロの技 17 笑える！　泣ける！　共感できる！　コンテンツ

笑える、泣ける、共感できる……というような感情に訴えかけるコンテンツは、SNSで拡散されやすい傾向にあります。拡散が終わったあとの集客数は下がってしまいますが、長期的に見てサイト価値を高めてくれる可能性が期待できます。ここではそのようなコンテンツの実例と、サイト価値向上の理由を見ていきましょう。

Point

- SNSで拡散されやすいコンテンツの特徴を知ろう
- 「笑える！」「泣ける！」「共感できる！」の3要素が重要
- 拡散後のSEO効果も期待しよう！

SNSで拡散されやすいコンテンツの特徴

特にSNSでは、**感情に訴えかけるようなコンテンツはいい意味でも悪い意味でも拡散されやすい**傾向にあります。

「面白い！」「感動した！」「わかるわかる！」というポジティブな拡散だけではなく、「腹が立つ！」「ずるい！」「考え方に納得できない！」というネガティブな感情を利用した、いわゆる「炎上」と呼ばれる拡散方法もあります。

もちろん、人々の賞賛や共感を得るようなポジティブな拡散が望ましいですが、アクセス数を増やすため、またSEO対策としてサイト価値を高めるために、炎上を起こす人もいるのが実状です。

拡散されやすい3要素をひも解いてみよう

正直なところ、**どのようなコンテンツが広く拡散されるかという判断は難しい**ものです。経験上、「この記事は拡散されるだろう」と思った記事が思惑どおり拡散されるときもあれば、「拡散する目的で書いていない記事」がたまたま拡散されるときもあります。逆に、自信を持って「この記事はいいぞ！」と感じていても、思ったような結果が得られない場合もあります。

このように事前に予測することが難しいなかでお勧めの方法は、**Twitter、Facebook、はてなブックマークなどで話題になっているテーマを常時チェックする**ことです。

1 笑えるコンテンツ

●自虐ネタ

自分がやってしまった失敗例などを、面白おかしく紹介するようなコンテンツです。自虐ネタは自分で自分を責めているので**炎上リスクも少なく、いい意味で味方を増やせる**コンテンツです。「こんなドジなやつがいるぜ」と共有したくなる心理が働き、TwitterやFacebookでシェアされやすくなります。

●子ども系

大人では考えられない言動を面白おかしく紹介するコンテンツです。特にはてなブックマークでは、4コマ漫画風のコンテンツなど**イラストを使った記事**が人気を得ています。

●動物系

動物のくすっと笑える可愛い仕草などを紹介するコンテンツです。こちらは動画や写真、gif動画のまとめ系コンテンツが多いです。

●体験談系

過去に体験した面白エピソードを紹介するコンテンツです。店員さんとのやりとり、上司のやりとりのなかで面白かった体験談に加え、自虐ネタが入るとなおいいでしょう。

2 泣けるコンテンツ

●つらい体験談系

つらい出来事を乗り越えた体験談はウケがいいです。しかしここで大切なポイントは、その**つらい体験に加え「今も努力をしている」**こと。

成功しきった体験談だと妬みを買う場合があるので、過去にあった苦難を乗り越えつつ、今もちょっと困っていたり、努力せざるを得ない状態のほうが好ましいです。

●優しさ系

友情エピソード、動物の親子愛、年配者に対する気遣いなどが30～40代に、彼氏彼女のちょっと甘酸っぱい優しさは10～20代にウケがいいです。自分のサイトのユーザー属性を考えて話題を選びましょう。

●子ども系

子どもの純粋な感情を押し出したコンテンツも、SNSで拡散されやすいです。特に子どもが親に対して感謝の気持ちを伝えるサプライズをするようなコンテンツは人気があります。**30～40代の利用が多い、Facebookやはてブなどの SNSで話題になりやすい**です。

3 共感できるコンテンツ

●あるある系

大阪と東京の違い、海外に留学した友達がいきなり外国人かぶれになった、意識高い系大学生の仕草など、「わかるわかる！」と共感を呼ぶようなコンテンツです。FacebookやTwitterなど、仲間内で意見を言いあいたくなるような話題が効果的です。

●冷めた意見

テレビなどで話題になっているニュースを冷静に分析するようなコンテンツも、ネットでは「共感できる！」という意見に変わりSNSで拡散されやすくなります。

たとえば、政治家が不正な献金問題を起こし、テレビでは批判され議会も荒れているけれど、ネットでは「そんな小さいお金のことどうでもいいので、もっと議会で重要な案件について議論してほしい」というような冷静な意見が広がりやすい傾向にあります。

●恋愛系

あるある系が人気です。「悲劇のヒロインになりきっている面倒くさい女性の話」や「モテると勘違いしている男性の言動」など、恋愛は誰もが経験することなので、「あるある！」となりやすいコンテンツです。

●仕事系

新生活時期になると「新卒の気になること」「できない上司の言動」「部下のあり得ない行動」など、仕事系に関するネタはFacebook、Twitter、はてブなど多くのSNSで話題になりやすいです。

またモンスタークレーマーのような、お客さんに対するようなコンテンツも比較的拡散されやすいです。ただ仕事系は**世代、職種によって、意見が異なることも多く、一歩間違うと炎上するリスクもあります。**

● **実験系**

さまざまなことに対して実験や比較を行い、その結果を公開するコンテンツです。

「30種類以上のハミガキ粉を比較した」のような使える実験や、「50種類以上のウォーターサーバーを比較した」など日常生活で気にはなるけれど自分ではできない比較は、SNSで人気になりやすいです。

 拡散で得られるSEO効果とサイト価値

SNSでコンテンツが拡散するということは、一時的に多くの人に読まれるという事実以上の意味があります。それが、**SEO効果によるサイト価値の向上**です。これまで、拡散を狙うコンテンツ作りにはSNSで話題になるようなコンテンツを参考にすることをお勧めしてきましたが、ここでのキーワードは「**被リンク**」です。

多くのSNSで話題になると、以下のような派生効果が期待できます。

- はてブのブックマーク数が増える
- まとめサイトに取り上げられる
- 一般ユーザーのブログで取りあげられる
- 他社サイトで紹介される

これらは**他のサイトからリンクを受けるという行為になり、SEO効果がある**のです。

このようにたくさんのサイトから被リンクを受けているサイトは、サイト全体のSEO価値が上がり、相対的にサイト内のほかの記事も狙っているキーワードで上位表示されやすくなります。よって、拡散で狙うべきは**一時的な集客数アップよりも、拡散したあとの被リンク数の増加**ということになります。

Check!

1. 感情に訴えかける記事は拡散されやすい
2. 常にさまざまなSNSを確認して勉強しよう
3. 拡散後の被リンク効果も期待しよう

プロの技 18 インタビュー系コンテンツ

インタビュー系コンテンツはインタビューした本人を起点としてSNSでも拡散されやすく、さまざまなサイトやブログなどで「参照元」「引用元」としてリンクを受けやすくなり、サイトのSEO価値も上がりやすくなります。

Point

- 意外とインタビューに答えてくれる専門家も多い
- 専門家のインタビュー記事は信頼度が高い
- 信頼度が高いので、ほかのサイトからのリンクを受けることもできる

インタビュー系コンテンツの事例

インタビュー系コンテンツとは**「その道のプロ」「専門家」「資格保有者」などにインタビューをして、それを記事にする**コンテンツです。

弊社が企画した記事でいうと、アフィリエイトASPの担当者にどのような商品やジャンルが売れやすいのか取材したものは人気がありました。また精力アップの方法として老舗精力剤販売店の店員に取材をしたり、寿司屋のマナーを広めるために寿司屋の大将に取材をしたこともあります。

自分のサイトのジャンルで有名な人、お店、企業に取材したコンテンツを作ることは、**あなたのサイト自体の信頼度も上がる**ことに繋がります。

どのように専門家、権威者へインタビューするのか

1 探す方法

● 知りあいから紹介してもらう

まず一番手っ取り早いのは、知りあいを通じて紹介してもらう方法です。たとえば不妊のサイトなら産婦人科の先生、美容のサイトならエステティシャンや美容師、育児系のサイトなら保育園の先生……というように、知りあいや親族をたどってみましょう。

● 専門家が集まっているサイトやサービスを利用する

「専門家プロファイル」という専門家が集まるサービスサイトには、たくさんの専門家が登録されています。そしてその専門家たちもこのサービスを利用し

てビジネスの幅を広げたいと思っているので、インタビューが成立する場合が多いです。

● 専門家プロファイル

http://profile.ne.jp/

● 公式サイトから直接問い合わせする

「どうしてもこの人がいい」「大物だけど何とか取材したい」という場合、直接公式サイトから問い合わせてみるのもありでしょう。

専門家や権威者もビジネスとして活動をしているので、どのようなメリットがあるかを丁寧に伝えれば、インタビューを受けてくれる可能性が高まります。

2 インタビューを記事化させるための提案方法

ではインタビュー記事を成功させるためには、どのようなことに注意しておけばいいのでしょうか？

❶ 自分のサイトが魅力的なサイトかどうか

まず、**インタビューを掲載するサイト自体が魅力的かどうか**が判断材料になります。たとえば、専門家はイメージが悪くなるとその後の活動に悪影響を与えてしまうため、以下のようなサイトのインタビューは受けてくれないでしょう。

- 情報に誤りが多いサイト
- あまりにもデザインが汚いサイト
- 公序良俗に反するようなサイト

❷ メリットを伝える

その次に、相手方のメリットも考えなければなりません。もちろんインタビューの謝礼も１つのメリットですが、それ以上のメリットを提案しましょう。

- サイト内で集客して公式サイトにもリンクを貼るので集客のお手伝いができる
- ○○というキーワードで上位表示されているので集客のお手伝いができる
- ○○という人もインタビューを受けているので信頼度が上がる

上記のようなお金以外のメリットを提示することができれば、インタビューを実現しやすいでしょう。

サイトのSEO価値上昇にも期待

専門家や権威者へのインタビュー記事は信頼度が高いため、さまざまなサイトやブログで参考として引用されることが多くなります。被リンクを獲得できるメリットもあります。

被リンク自体はその記事に増えますが、それによってサイト全体の価値もあがるため、**ほかの記事も狙っているキーワードで上位表示されやすいサイトに進化します**。

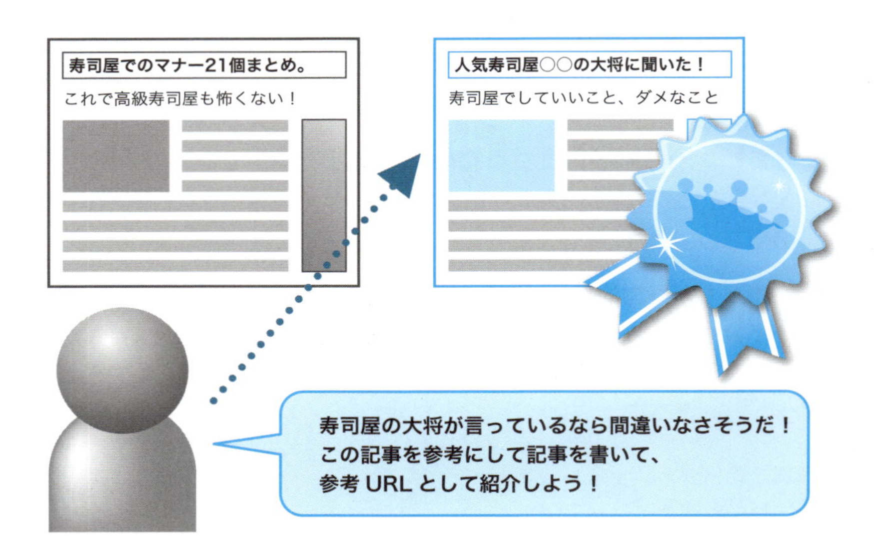

Check!

1. インタビュー記事はSNSで拡散されやすい
2. メリットを伝えてインタビュー記事を成功させよう
3. 被リンクを獲得してサイト全体の価値をあげよう

第１フェーズ：メディア作り

プロの技 19 ニュースやトレンド系コンテンツ

話題になっているニュースやトレンド系のコンテンツはアクセスを集めやすく、さらにSNSでも拡散され被リンク効果を高めることができるコンテンツです。常にアンテナを張って記事を更新するようにしましょう。

Point

- トレンドになっていることへの関心度は非常に高い
- トレンドに言及した記事はSNSで話題になりやすい
- さまざまなツールを使って情報を集めよう

トレンドの爆発力はすごい！

スマートフォン向けのゲームアプリ「ポケモンGO」が配信された翌日に、私が運営するアフィリエイト会員サービス「ALISA」で「はてなブックマーク」に関するセミナーを開催していました。その際、参加者と一緒にはてなブックマークのサイトを見ながら講義をしていたのですが、はてなブックマーク内のほとんどの記事がポケモンGOに関する記事でした。

また、アイドルグループの解散報道が出たその日に、弊社が運営するメディアでも記事を公開したことがあります。その際、多くの人に記事をいち早く知ってもらおうとTwitter広告で3,000円ほど広告を出したのですが、１分も経たないうちにその予算を消化した経験もあります。

このように、**誰もが関心を持つこと、衝撃なニュースやトレンドはWEB上でも拡散されやすい**傾向があります。

SNSで拡散されやすく、被リンクを獲得しやすい

たとえば「電子タバコ アイコス」は、テレビで大きく取りあげられた結果、入手しづらい状況が生まれました。そんな時期に、「アイコス利用者が神で、普通のタバコを吸っている人はダメ」というような記事を公開したところ、はてなブックマーク数を150以上集め、強力な被リンク効果を得ることができました。

このようなネタはうまくいけば大きく拡散され、さまざまなサイトで「議論」が巻き起こります。その結果としてたくさんの被リンクを得られるので、サイト価値が高まるのです。

話題のニュースやトレンドの探し方

話題のニュースやトレンドを記事にするならば、情報の早さと正確さがキモです。以下のようなツールを使い分けましょう。

- **Yahoo! ニュース**

基本的なニュースを仕入れるときに使います。また大きなニュースなどは、以下で紹介するほかのサービスよりも速報性が高いです。

- **まとめアプリ**

2ちゃんねるの面白いスレッドをまとめたアプリですが、意外と情報が早いのでよく活用しています。一般的なニュースでは取り扱われていないが、ネット利用者の間で話題になっているネタがいち早く知れます。

- **ニュース系アプリ**

幅広くいろいろなニュースに言及しているので、使いやすいです。コラム記事も参考にします。一般ユーザーが好きそうなネタはスマートニュース、ビジネス関連であればニュースピックスなど、使い分けをしてもいいでしょう。

- **Twitter**

速報性が高く、すばやい情報収集をしたいときに役立ちます。しかし間違った情報も多いので、自メディアの参考にするときは情報の裏取りをしましょう。

- **日経 MJ**

「新商品」「飲食店に関するニュース」「インターネットに関するニュース」「さまざまなランキング」など、WEBマーケターにとっては馴染みやすく参考になる情報が多いです。

- **はてなブックマーク**

ニュースを知るのではなく、今話題になっていることを調べるのに役立ちます。その分野に関する記事が多いときに、同じようにその分野に関する記事を書けば、「はてブ」される可能性が高いです。

Check!

1. 話題になっている情報はアクセスが集まる
2. SNSで拡散されやすく、被リンク効果も高い
3. さまざまなツールを使って情報収集しよう

プロの技 20 芸能人、著名人系コンテンツ

芸能人、著名人の名前検索は頻繁に行われています。特に、はじめてテレビ出演する人などはその放映中に一気にアクセスが集まりやすく、知名度がまだまだ低いのでSEO対策で上位表示しやすいです。

Point

- 常に検索数の高い名前検索を集客に活かそう
- まだまだ有名ではない著名人の名前で上位表示しよう
- その人を傷つけるようなことはしないこと

芸能人・著名人は常に検索されている

テレビに出演している有名人の名前は常に検索されています。またドラマやバラエティー番組など、テレビ出演中のアクセスは大きく伸びます。よって、**芸能人や著名人の名前で上位表示できればアクセス数を伸ばすことができます**。

ただ プロの技10 プロの技11 で紹介したような、深い悩みを解決したり何かのジャンルに特化したコンテンツではないので、AdSense広告のクリック率ではやや劣ります。それでもアクセス数が多いだけに、実施してみる価値はあるでしょう。

テレビ初出演の人の名前で上位表示しておく方法

誰もが知っている有名人の場合はライバルが多く、いきなり上位表示するのはかなり難しいでしょう。そこで狙いやすいのが、**はじめてテレビ・ラジオ出演する人**です。「まだテレビに出てない人をどうやってリサーチするの？」と思うかもしれませんが、意外と簡単に情報をつかめます。

その１つが**Twitter**です。Twitterを利用している芸能人は多く、自分の出演についてのつぶやきもすぐに見つかります。こまめにTwitter内の検索を使い、「初収録」「はじめての出演」「はじめての収録」などで検索してみましょう。

特にはじめてテレビ出演するときなどに、Twitterでその告知を行うケースが多いようです。さほど知名度が高くない芸能人・著名人について、どのような人なのかを紹介する記事を書いておけば、ライバルも少ないので比較的上位表示されやすいでしょう。

● 芸能人の Twitter 使用例

さまざまな複合ワードも集客しやすい

反対に**知名度が高い有名人であっても、複合キーワードであれば上位表示しやすい**場合があります。また、検索される数も多いです。

以下、よく調べられている複合ワードです。「○○」には人物の名前が入ると思ってください。

「○○　ドラマ」	「○○　ドラマ名」	「○○　映画」
「○○　画像」	「○○　動画」	「○○　髪型」
「○○　身長」	「○○　体重」	「○○　メイク」

ただし、このようなキーワードでサイト作りを行う場合、プライバシーを侵害したり悪口を書くような行為は絶対に避けましょう。

Check!

1. 芸能人の名前は常に検索されている
2. テレビ初出演する芸能人・著名人を調べてみよう
3. 知名度が高い人でも複合キーワードであれば上位表示をねらえる

プロの技 21 テレビ系コンテンツ

テレビで話題になった健康法やダイエット法、食材やグッズなどは一時的にかなりのアクセス数が出ます。このときにしっかりと上位表示をしておけば、アクセスを集めることができます。では、放映前に記事を上位表示しておくにはどうすればいいのでしょうか。

Point

- テレビの力は検索数に大きな影響を与える
- 放映前に記事化することも可能
- Fetch as Googleを使って素早くインデックス

「きび酢」の事例

「きび酢」というお酢があり、基本的にはあまり検索されていないキーワードなのですが、テレビ放映された直後はあり得ないほどの検索数になります。

● Google トレンドで見た「きび酢」というキーワード

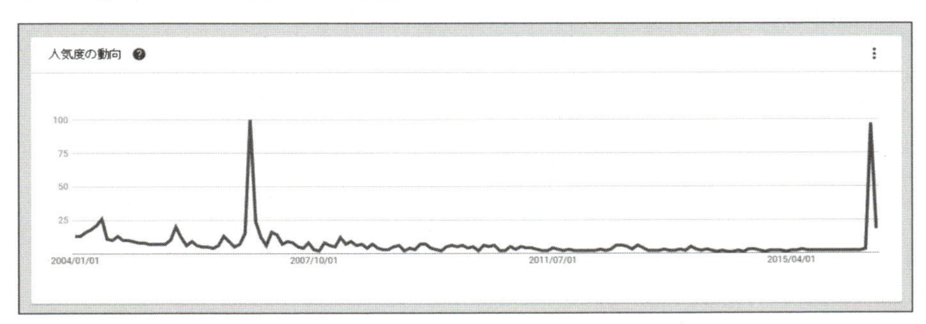

● Google キーワードプランナーで見た「きび酢」というキーワード

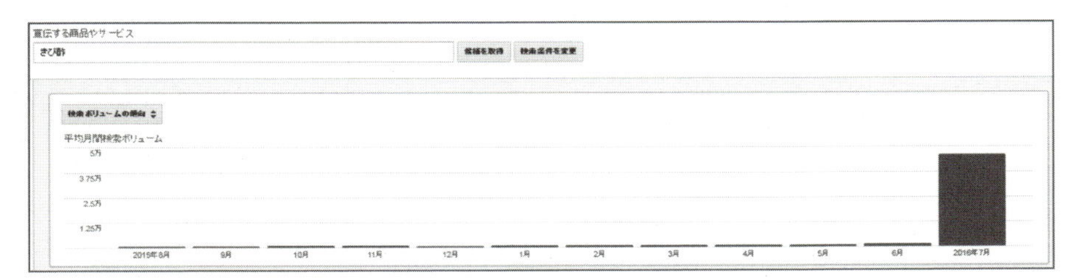

これらを見てもわかるように、テレビ放映されると一気に検索数が上がる傾向あります。きび酢は2006年は「ダイエットにいい」という内容で、2016年には「長生きできる秘訣」としてテレビで紹介されました。2016年の検索数を見ると、普段は月間1,000回程度の検索数しかありませんが、テレビ放映後は月間4万5,000回以上の検索数となっています。

放映前に上位表示する方法

テレビ番組の場合は、テレビガイドを利用しましょう。放映前にある程度の番組情報がわかるので、記事を仕込んでおくことができます。現在では新聞や雑誌だけでなくWEB上にもテレビガイドがあるので、無料で使うことができます。

テレビガイドをチェックして、面白そうなネタがあれば先に記事を書いて仕込んでおくのもいいでしょう。

素早くGoogleにインデックスさせる方法

Googleで検索したときに自分の記事が出てくるようにするには、**Googleに自分のサイトの新しい記事を認識してもらう**必要があります。Googleのロボットが行うこの一連の作業を、**インデックス**と呼びます。

いくら早く仕込んでコンテンツを作っても、Googleにインデックスしてもらわなければ上位表示してもらえません。そのとき、Googleのロボットが回ってきてくれるまで待つのではロスが生じるので、自発的にインデックスさせるようにしましょう。

そのために使うのが、**Googleサーチコンソール内にある「Fetch as Google」**です。

● Fetch as Google

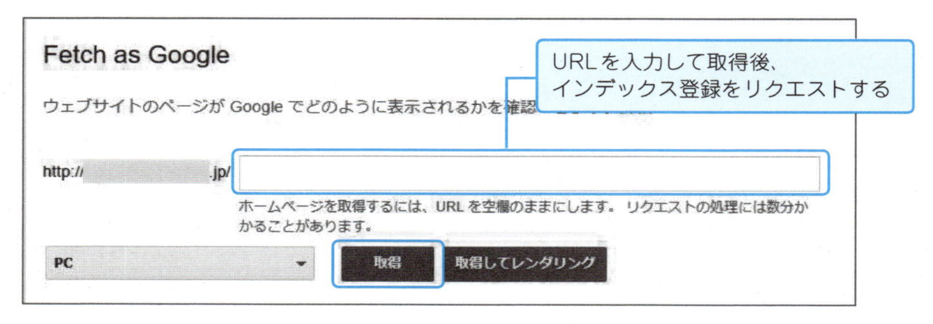

通常はGoogleのロボットが新しい記事を巡回するまで待つ必要がありますが、Fetch as Googleを使うと、**Googleに対して「新しい記事を追加しました。早く認識して順位をつけてください」と伝えることができる**のです。

● Fetch as Google の使い方

手順1 ダッシュボードの「クロール」にある「Fetch as Google」をクリック

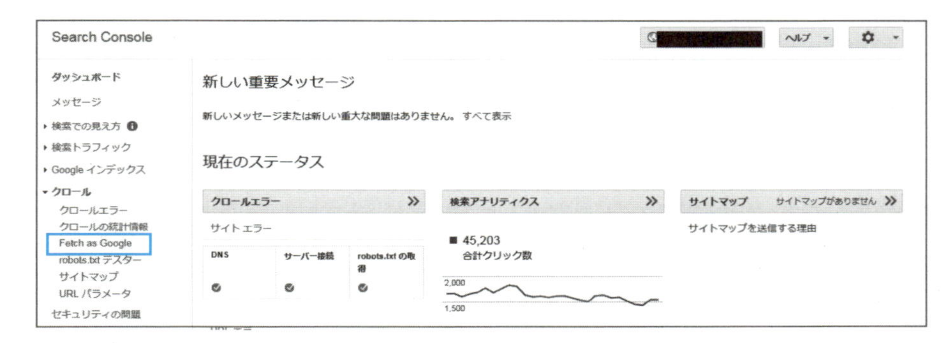

手順2 URLを入れて「取得」

Search Console

ダッシュボード
メッセージ
検索での見え方
検索トラフィック
Google インデックス

Fetch as Google

ウェブサイトのページが Google でどのように表示されるかを確認できます。詳細

http://　　　.com/　PC　取得　取得してレンダリング

手順3 インデックスに送信

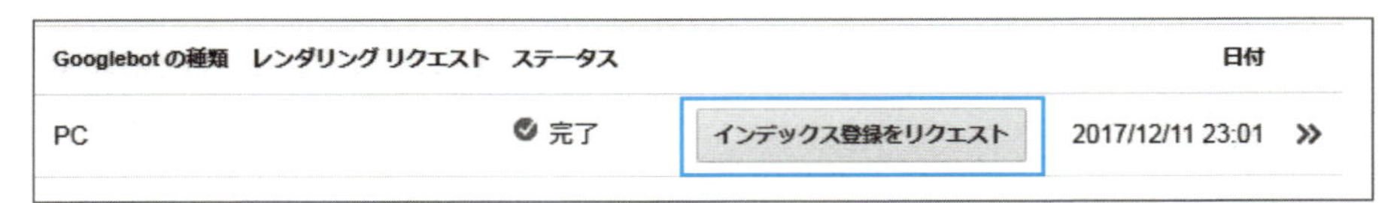

必ずではありませんが、この機能を使えば比較的すぐにインデックスされます。

Check!

1 テレビ放映の威力はすごい
2 テレビガイドを使って放映前に上位表示
3 Fetch as Googleで素早くインデックスしてもらう

プロの技 22 いいコンテンツでも記事タイトルは重要

ここまで具体的なコンテンツのお話しをしてきましたが、これらのような魅力的なコンテンツを配信しても、その記事のタイトルがつまらないものであれば、集客に苦労することになります。

Point

- 記事タイトルは読まれるか読まれないかを決める
- SEO対策のことも意識してタイトルを考えよう
- より魅力的になるように応用法則を使おう！

タイトルが魅力的でないと集客に苦労する理由

ユーザーは「記事のタイトル」を見て、**面白そうか・ためになりそうか・自分が探していた情報か**どうかを判断します。つまり記事の内容がどれだけよくても、**タイトルがつまらなければ読まれる機会がグッと減ってしまう**のです。

これは検索エンジンで集客する場合も、SNSで集客する場合も同じです。検索エンジンを使ったときも１位から順番に見ていくのではなく、タイトルを見て「読むか読まないか」判断しています。

SEOで集客する場合はキーワードをタイトルに入れる

SEO対策を使って集客する場合は、上位表示したいキーワードを記事のタイトルに入れることも忘れてはいけません。つまりSEO対策で集客する場合は、**上位表示したいキーワードを入れつつ魅力的なタイトルにする**という２重の縛りがあることになります。

このとき、初心者は２つのことを同時にしようとすると難しいので、切り分けて考えてみるといいでしょう。そこで、以下のような構造を基本としてタイトルを考えます。

- 「上位表示したいキーワード」＋「｜（縦線）」＋「キャッチコピー」

・**ダイエット**｜私が２週間でマイナス５キロを達成した方法５つ
・**婚活アプリ**｜売れ残っていた私が１年で結婚できたお勧めの婚活アプリ５選
・**ウォーターサーバー**｜赤ちゃんのミルク作りにお勧めのサーバーはどれ？

記事タイトルの基本的な法則3つ

基本1 34文字以内にする

GoogleやYahoo!の検索エンジンでは、検索結果の一覧に各サイトのタイトルが34文字まで表示されます。あまりにも短いと目立たないので、**28～34文字の範囲でできるだけ長くなるようなタイトル**を考えます。

> 例　×　お勧めの婚活アプリ
> 　　○　インストールしたい婚活アプリ12選！　本気で結婚を目指す人必見！

基本2 キーワードを入れる

先ほども説明したように、**タイトルに上位表示したいキーワードが入っていないと上位表示できない**ので注意が必要です。

> 例　×　結婚したいなら、積極的に気になる相手を見つける工夫をしよう！
> 　　○　目指せ幸せな結婚生活！　婚活＆街コンでまずは出会いを求めよう！

基本3 ディスクリプションを設定する

SEO対策で集客するとき、記事タイトルとあわせて重要なのが**ディスクリプション**です。ディスクリプションは**検索エンジンの検索結果一覧に表示される当該記事の概要**です。

通常2～3行で表示されますが、3行のほうが目立ちます。パソコンでは100～120文字程度に設定すると3行になります。スマートフォンでは50文字しか表示されないので、アピールしたい文言は最初の50文字に入れましょう。

ただしディスクリプションは、こちらで設定してもGoogleによって変更されることが多いです。

● ディスクリプション例

> 株式会社Smartaleck: WEBマーケティングのHERO 12 users
> www.smartaleck.co.jp/ ▾
> WEBマーケティングのHEROは株式会社**Smartaleck**(スマートアレック)が運営するWEBマーケティングディレクション会社です。企業様の規模に関わらずWEBに関するマーケティング・広告業務を一括で請負い、HERO関連企業と共に必ず最終目標を達成するディレクション会社です。

記事を魅力的にするための6つの法則

次に、記事タイトルを魅力的にするための法則をご紹介します。これらの法則を使って考えれば、タイトルをつけるときに楽になります。

法則1 具体的な数字を入れる

これは以前からよく使われている手法で、最近ではやや使い古されている感じがしてきました。ただし、具体的な数字を入れることによって「情報が整理されている感じ」を強くアピールでき、まだまだ試す価値はある方法です。

具体例

- ダイエット：私が2週間でマイナス5キロを達成した方法5つ
- クッサイ口臭を撃退してくれたお気に入りのハミガキ10選
- 彼氏・彼女につけてほしい香水ランキングTOP10

法則2 カッコを使って強調する

こちらもよく使われている表現ですが、まだまだクリック率が高いです。

具体例

- 【まとめ】究極の冷え性を克服した私が3年間毎日やってきたこと
- 明日から使える契約を取れるビジネスメールのテンプレ紹介します！【保存版】
- 【閲覧注意】お風呂場がカビだらけだったのでカビキラー5本使ってピカピカにした話

法則3 ターゲットを絞り込む

漠然と「ニキビケア方法」というようなタイトルにするよりも、その記事の内容を見て絞り込むほうがユーザーに刺さります。

具体例

- 30代からできる大人ニキビのケア方法を教えます。原因はやっぱりあれ……
- 【40代限定】急に襲ってくる乾燥肌を対処するために絶対読んでおくべき記事
- 3歳までのお子様をお持ちのママ必見のバイリンガル子育て法

法則4 脅す

情報を検索しているとき「ドキッ」とするようなタイトルがあると、ついつい見てしまうのが人間の心理です。

具体例

- これを守らないと一生ブツブツ！　正しいニキビケアを知ってますか？
- デブまっしぐら！　絶対にリバウンドしないダイエット方法とは？
- あなたの育毛方法では髪の毛は生えてきません！　やっておくべき育毛法5つ

法則5 個人的な思いを入れる

「体験談」といわれる記事は人気が高い傾向にあります。最近ではインスタグラムが流行り、一個人の意見が重要視されることが多いです。タイトルに「僕」や「私」という主語を入れると魅力的になります。

具体例

- 僕が1カ月でマイナス10キロ達成して、好きな子とつきあえた方法【まとめ】
- ニキビ化粧品Aを使ってみた私なりの感想をシェアします
- 私が現役で東大合格した勉強方法があまりにもシンプルなので公開します

法則6 あえて反対のことを言う

「コレを実現するにはコレ」「アレをすれば当然健康によくない」という思いが人にはあります。これを逆手に取ってみるのは非常に効果的です。

具体例

- 1日6食生活にしたら、2か月で5キロ痩せた私の体験談
- 夏バテを解消するには1日中クーラーのついた部屋にいるべき？　その驚愕の理由とは？
- 利益を一切考えないようにしたら、めちゃくちゃ儲かったときの話

以上の6つは、弊社が運営しているサイトで記事タイトルを考えるときに実践している法則です。これらの法則に当てはまる記事は比較的に読まれやすいので、是非実践してみましょう。

Check!

1. 記事を読むかどうかの判断はタイトルで決まる
2. SEOのことも考えてキーワードは入れよう
3. さまざまな法則を使って魅力的な記事タイトルを考えよう

プロの技 23 読みやすい記事・読まれる記事・PVを上げる記事の書き方

AdSenseはクリックに応じて収益があがりますが、PV数が増えれば増えるほど収益があがる傾向にあります。よってユーザーにとって読みやすく、さまざまな記事を読み進めてくれることによって収益はあがっていくのです。

Point

- 「読みやすく」を意識する
- 文字装飾やイラストでわかりやすく解説する
- ほかの記事も紹介してPV数を伸ばそう

ASPアフィリエイトとは違う工夫の仕方が重要

ASPを使ってアフィリエイトをする場合、商品を購入させないと収益が発生しないので、記事中でアフィリエイトしたい商品のよさをしっかりと伝えることが重要です。

AdSenseの場合は、広告をクリックさえしてもらえれば収益が発生するので、その必要はありません。一方クリックされる可能性を高めるため、1人のユーザーがいかに多くの記事を見てくれるか、つまり**サイト内を回遊してくれるかということが重要**になってきます。

よって「読みやすい記事」「読ませる記事」を意識して、さまざまな記事を見てもらえるように工夫していかなければいけません。

基本 読むのに疲れない体裁にする

卒業論文や研究レポートで内容の濃さ、実験の結果、研究の成果などが重要になります。しかし私たちの記事を読むのは一般ユーザーです。

いくらいい内容の記事でも、読みづらかったり読むのに疲れる記事だと最後まで読んでもらえませんし、ほかの記事も読もうとは思ってくれません。

1 1文で改行し、段落を分ける

基本的に**1文ごとに改行し、段落を空ける**ようにしてください。1文が長い場合は、文章を分けて構成すると非常に読みやすくなります。

× **悪い例**

背中って自分ではなかなか見えないのでケアを怠りがちですが、人から見られることはかなり多いんですよね。服装やヘアスタイルにもよりますが、道で後ろを歩いている人、レジなどで後ろに並んでいる人、あなたの後ろに立っている人、さまざまな機会で背中は見られています。

露出のない服で髪をおろしていても、背中の姿勢はバレてしまいますよね。
今回はそんな背中のケアについてまとめてみました。

◯ **良い例**

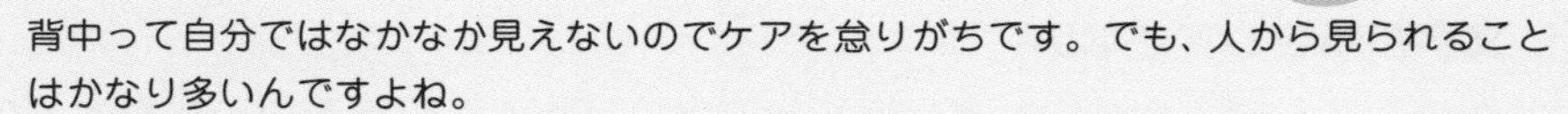

背中って自分ではなかなか見えないのでケアを怠りがちです。でも、人から見られることはかなり多いんですよね。

服装やヘアスタイルにもよりますが、道で後ろを歩いている人、レジなどで後ろに並んでいる人、あなたの後ろに立っている人、さまざまな機会で背中は見られています。

露出のない服で髪をおろしていても、背中の姿勢はバレてしまいますよね。
今回はそんな背中のケアについてまとめてみました。

2 リスト化する

文章中に羅列されている箇所があるなら、それをリスト化してあげるとより見やすくなる傾向があります。

背中って自分ではなかなか見えないのでケアを怠りがちです。
でも意外と人から見られること多いんですよね。

服装やヘアスタイルにもよりますが

- 道で後ろを歩いている人
- レジなどで後ろに並んでいる人
- あなたの後ろに立っている人

さまざまな機会で背中は見られています。

3 スマートフォンでもしっかりと表示確認する

パソコンだけで記事の修正をしたり段落構成をしていると、スマートフォンで見たときに1文字だけはみ出ているということがあります。文章の意味が変わらないように注意しながら、文字を増減させて修正しましょう。より一層読みやすくなります。

すらっときりりを飲めば、そんな悩みも解
消！

むくみの原因のひとつでもある冷え性も解
消！

美肌まで手に入れることができます！

応用 もっと読みたくなる工夫をする

1 文字装飾をしすぎない

わかりやすくするために大事な箇所を赤字にしたり、下線を引いたりするのはいいことです。しかし、文字装飾や文字の大きさを変える、下線を引くなどの工夫が行きすぎると、結局どこが大事なのかわからなくなってしまいます。

● **やりすぎな装飾の例**

背中って自分ではなかなか見えないのでケアを怠りがちです。

でも意外と人から見られることが多いんですよね。

服装やヘアスタイルにもよりますが

2 画像イラストなどを適宜入れる

本文中に画像やイラストがなく文字だけがずっと続いていると、読むのに疲れてきます。関連する画像、今から論じることを推測させるような画像などを入れると記事は読みやすくなります。

● **便利な素材サイト**

- ぱくたそ（https://www.pakutaso.com/）
- photo AC（http://www.photo-ac.com/）
- ソザイング（http://sozaing.com/）
- GIRLY DROP（http://girlydrop.com/）

3 回遊性を高める内部リンク

関連する記事がある場合は、積極的に内部リンクを送るようにしましょう。これはSEO的にも効果がありますが、回遊率を高めるのにも効果があります。

記事の最後に「関連記事」などで表示するのも効果的です。ただ弊社で一番回遊率が高いのが、しっかりと記事中でほかの記事について言及して内部リンクをしているケースです。

●効果的な内部リンクの例

乳酸菌は腸内の環境を整えてくれるので、オススメです。

とくに忙しい現代の食生活では乳酸菌をしっかりととれていないことも考えられます。

もし乳酸菌をしっかりと摂取したいと思った方は当サイトの以下の記事もオススメです。

――――――――――――――――
■乳酸菌が含まれている食べ物一覧をまとめました
http://abcdefg.com/nyuusankin
――――――――――――――――

ではなぜ乳酸菌は腸内の環境を整えてくれるのでしょうか？

それは乳酸菌が善玉菌のエサになってくれるからなんです。

4 記事がイラストやマンガだけでもOK

コンテンツ内容が「記事」だけとはかぎりません。アフィリエイトと異なり商品誘導する必要がないため、自由度が上がります。たとえば「記事」という文章がなくても、以下のようにコンテンツを構成することもできます。

- Twitterの面白つぶやきまとめ
- YouTubeの動画まとめ
- インスタの投稿まとめ
- 写真まとめ
- イラストまとめ
- 4コマ漫画

Check!

1 読みやすい記事でしっかりと読み込ませる
2 画像やイラスト文字装飾で見やすい記事を
3 サイトの回遊性を高めてPVを上げよう

プロの技24 SEO対策を利用した集客

以前と比べて、SEO対策は非常にシンプルになってきました。ここでは、「必ずやっておかなければならないこと」と、「狙っているキーワードで上位表示させるためのノウハウ」の２点に絞って説明をしていきます。

Point

- キーワードの検索意図をつかむのが一番大事
- 検索意図を満たしたコンテンツを作ろう
- しっかりとサイト価値を高めていこう！

SEO対策に向いているコンテンツ

プロの技13でいうと、「ノウハウ系コンテンツ」がYahoo!やGoogleなどの検索エンジンで最も上位表示されやすいです。なぜなら**情報が整理されており、客観的で高度な情報を提供しているページこそが、Googleの検索結果では上位表示されやすい**からです。

逆に主観的な情報だけのコンテンツは、独自性があり一見魅力的なコンテンツなのですが、Googleのアルゴリズムでは歓迎されないことが多いようです。

まずは上位表示するキーワードを理解する

1 キーワードを選定する

まずは、**検索エンジンでどのようなキーワードで上位表示させたいか**を決める必要があります。「この記事はこのキーワードで上に出すぞ！」という明確な意図のもとにコンテンツを決めないと、なかなか上位表示できません。

そういった意味では、ブロガーというスタイルで自分の好きなことを書いている人からすると、少し窮屈に思えるかもしれません。

2 キーワードの検索意図を理解する

先ほどお話ししたとおり、ねらうべきキーワードを決定し記事を書いていきますが「そのキーワードはなぜ検索されているのか？」ということを見抜いて、その**検索意図を満たす記事を書かなければなりません**。たとえば「妊娠　お金」というキーワードの検索意図として、次のようなものが考えられます。

❶ 妊娠してかかるお金（検査・入院・出産準備品などの費用）はどれくらいか

❷妊娠してもらえるお金（出産一時金、育児休業手当）はどれくらいか

「❶妊娠するとどれくらいお金がかかるか知りたい」のか、「❷妊娠するとどれくらいお金がもらえるか知りたい」のかを把握して、**そのユーザーが知りたいことを満たすための記事を書かなければ、上位表示されづらい**のです。

3 キーワードの検索意図を調べる

Googleは基本的に「検索意図を満たしている順番」で順位を決めるので、**Googleの検索結果のTOP20くらいの記事を見ていけば、検索意図は理解できます。**

先ほどあげた「妊娠　お金」の検索意図は、非常に面白い例です。2015年12月あたりの「妊娠　お金」の検索順位は「妊娠してもらえるお金」について書いている記事がTOP10を占めていました。しかし現在では、「もらえるお金」と「かかるお金」について書かれた両方の記事が混在しています。

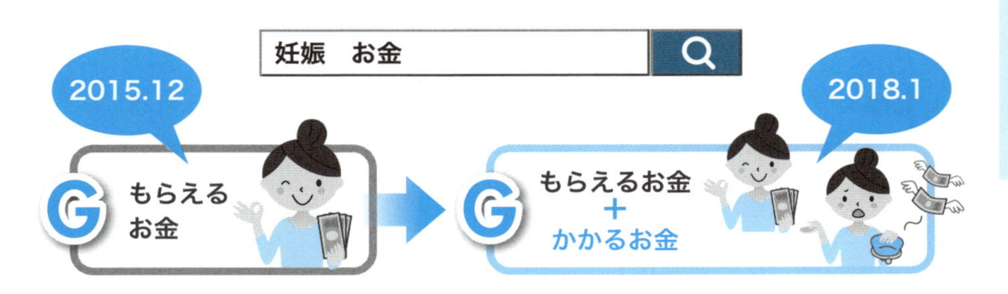

このように**検索意図が時期によって変わっていく場合もあります。**

検索意図を満たす記事を書く方法

1 ライバルサイトの存在意義をなくす

つまり、**ユーザーに1～20位の記事をすべて見る手間を省かせて「私の記事だけを見れば検索意図を満たせますよ！」という記事を提供する**のです。

こうすることによってGoogleに対して「弊社の記事は現在1位～20位にあ

る記事よりも一番優れています」とアピールでき、上位表示されやすい条件を満たすことができます。

2 検索意図を120%満たす

1〜20位に書かれている以上のことを書くこともあります。

たとえば、「太る　原因」というキーワードは「なぜ太るのか？　太る原因を知りたい！」という検索意図です。そこから、「太る原因」で調べる人は「太る原因を知って、痩せる方法を知りたいのでは？」と考え、記事に「痩せる方法」「ダイエット方法」なども書いていくという方法です。

こうすることによって**ユーザーが検索したキーワードの検索意図以上のコンテンツを提供できる**ので、より上位表示されやすくなります。

3 記事のタイトルや本文中に、狙っているキーワードを必ず入れる

検索意図を満たす最高の記事を書いても、**記事タイトル（正式にはtitleタグ）と記事中に狙っているキーワードが入っていないものは上位表示されません。**注意すべきは次の2点です。

❶記事中の上から下まで適度にキーワードが入っているか

Googleに対して「この記事は一貫して○○について論じているのですよ」ということを伝えるために重要です。

❷キーワード以外の言い回しをしてしまっていないか

たとえば「美容院　選び方」というキーワードで上位表示したいのに、記事の文中では「美容院」ではなく「ヘアサロン」という言葉を使ってしまっている、というようなものです。

このようなミスは誤植などとは異なり、違和感なく文の意味が通じてしまうため気づきにくいです。よく注意してください。

長文コンテンツが上位表示されやすいって本当？

これまでに少しでもSEO対策を勉強した人なら、「最近は長文コンテンツが上位表示されやすい」と聞いたことがあるかもしれません。

しかし、これは間違いです。「長文が上位表示されやすい」のではなく、**検索意図を100%以上満たそうとすると自然に長文になってしまう**のです。

この違いをわかっていないと、「文章量を増やさないといけない」→「検索意図に関係ない余計な文章が増える」→「上位表示できない」という負のスパイラルに陥ってしまいます。

サイト全体のSEO価値を高める

ここまででお話ししたように、1つひとつの記事を丁寧に書いていけば、その記事が狙っているキーワードで上位表示される可能性が高くなります。簡単なキーワードであれば、初期の段階からしっかりと上位表示される記事も出てくるでしょう。

また、初めは狙っているキーワードで30～50位での表示となっている記事も、サイト価値が高まるにつれて徐々に上がってくる傾向にあります。

●サイト価値が高まる主な要因

● サイトへの引用リンクが増える

・Yahoo!知恵袋などのFAQサイトでの回答の際、参考URLとして紹介される
・NAVERまとめなどのキュレーションサイトで引用される
・大手メディアで自分の記事が参考URLとして記載される

● ドメイン年齢が高くなる

・サイト運営している期間が長いほどGoogleの評価が高くなる

● SNSなどで話題になりリンクが増える

・ はてなブックマークのブクマが増える
・ 2ちゃんねるまとめなどで話題になる

● 個人ブログなどからのリンクが増える

・「この記事よかったよ」などの紹介リンクが増える

このように他メディアやWebサービスで自分のブログやサイトが紹介されるにつれてSEO価値が上がり、検索結果の順位にも反映されていきます。

しっかりと順位計測する

自分の記事の順位チェックに興味がない人も多いようです。SNS関連から集客しているブロガーなどであれば問題ありませんが、SEO対策によって集客するなら、**自分の記事が狙っているキーワードが「どのような順位でどういう風に順位が上がっていくのか」をしっかりと把握しておく**必要があります。

そのときにお勧めのツールが「GRC」というツールです。1年あたり、5,000〜2万5,000円の料金プランで利用が可能です。有料ツールですが、大変便利なので是非とも導入してください。

さまざまな順位チェックツールがありますが、GRCは「正確さ」「チェックスピード」などの点で優れています。私は現在、6,000キーワード近く順位を追っているので半日ほどかかってしまいますが、数百キーワードであれば30分程度で順位チェックが完了します。

● GRC 検索順位チェック画面

検索語	Yahoo..	Yahoo変化	Yahoo件数	▲ Goo..	G変化	Google件数	ステータス
ビタミンc ニキビ悪化	1		308,000	1		409,000	チェック済み
ニキビ パプリカ	1		80,000	1		80,000	
テアニン ニキビ	1		58,600	1		58,900	チェック済み
ニキビ カリフラワー	1		50,500	1		50,600	チェック済み
クロレラ ニキビ	1		94,500	1		94,500	チェック済み
ニキビ クロレラ	1	↗1	94,900	1	↗1	94,900	Yahoo:2→1, Google:2→1
クロレラ ニキビ 効果	1		61,600	1		61,600	チェック済み
ニキビ 手術	1	↗1	690,000	2		559,000	Yahoo:2→1
キウイ種子	2		258,000	2		258,000	
キウイ種子エキス	2		30,900	2		30,900	チェック済み
ビタミンc 大量摂取 ニキビ	2		196,000	2	↗1	196,000	Google:3→2
テアニン 妊娠中	2		61,200	2		61,200	チェック済み
ビタミンe ニキビ跡	2		228,000	2		211,000	チェック済み
ニキビ跡 ビタミンe	2		195,000	2		230,000	
グレープフルーツ ニキビ	2	↗1	367,000	2	↗1	367,000	Yahoo:3→2, Google:3→2
ニキビに効くフルーツ	2	↗1	260,000	2	↗1	260,000	Yahoo:3→2, Google:3→2
ニキビ 紅茶	2		393,000	2		393,000	
紅茶 ニキビ	2		393,000	2		393,000	
テアニン 一日摂取量	2		31,500	2		31,600	チェック済み

http://seopro.jp/grc/

Check!

1 まずはキーワードを決定し、検索意図を見極める
2 検索意図を満たした記事を書こう
3 必要最低限のSEO知識は押さえておこう

第2フェーズ：集客戦略

プロの技 25 はてなブックマークを利用した集客

はてなブックマークは、サイトのSEO価値を高めるうえでも、SNS上でバズを引き起こすうえでも重要なサービスです。SNSではFacebookやTwitterが目立っていますが、メディア運営している場合、はてなブックマークを無視するわけにはいきません。

Point

- SNSで話題になるとき、はてブが起点になることがある
- Twitterで効率的にブックマークを獲得しよう
- ブックマーク数が増えるとサイト価値も高くなる

はてなブックマークとは？

はてなブックマークはWeb上で好きな記事やサイトをブックマークすることができるサービスです。はてなブックマークにログインすれば、パソコンでもスマートフォンでも自分がブックマークしたサイトを見ることができます。

またほかのユーザーのブックマークも見ることができ、自分の趣味趣向と似ている人のブックマークを見ていけば、新しいサイトや情報を効率よく知れる便利なサービスです。

はてなブックマーク起点でSNSでバズを引き起こす

はてなブックマークを利用して、多くのユーザーがさまざまなサイトや記事をブックマークしています。

サイトや記事に最初のブックマークがついたあと、一定期間内に3つのブックマークを獲得できれば「新着エントリー」に入ります。また、10個のブックマークが獲得できれば、「人気エントリー」に入ります。さらに50個のブックマークになると「ホットエントリー」という分類に入り、総合ランキングに入ります。

※上記の仕様について、3つのブックマーク獲得でも人気エントリー入りする場合があり、必ずしも上記の数値が常にあてはまるものではありません。また、「一定期間内」という期間は公表されておらず、筆者がおこなった実験では23時間56分までに3つブックマークがつけば「新着エントリー」に入ったという結果があります。

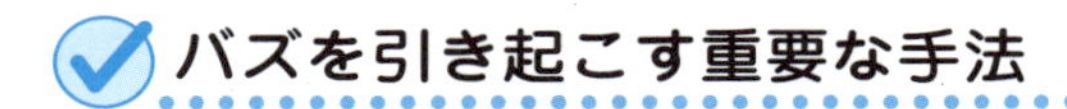

バズを引き起こす重要な手法

「一定期間内」という条件がありますが、これは3日とか1週間というようなスパンではなく、おおよそ1日以内という短いスパンです。つまり、**一気にサイトに集客をして、一気にブックマーク数を伸ばさないといけない**のです。

そこで弊社が利用しているのが、Twitterで一気に集客する手法です。Twitterで「はてなブックマーク」の公式アカウントをフォローしている人に対して、Twitter広告を出します。はてなブックマーク関連のアカウントのフォロワーは、はてなブックマークを利用している確率が高いので、ここをターゲットに広告すれば効率的にブックマークを稼ぐことができます。

また、はてなブックマークはTwitterと連携でき、「**TwitterでURLつきのつぶやきをするとブックマークする**」という機能もあるため、Twitter上でURLつきでつぶやかれるだけでも、ブックマーク数が増えます。

●はてなブックマーク　ブックマーク設定画面

個人設定
ブックマーク設定
表示設定
通知設定
フィード管理
外部サービス連携
データ管理
アプリ・ツール
開発者向け

ブックマーク設定

あとで読む

クイック保存	非公開設定であとで読むする
タグ設定	閲覧時に「あとで読む」タグを外す

メールでブックマーク

メール投稿先アドレス	アドレスを管理する このアドレス宛にメールを送信すると、本文に記載したページをブックマークすることができます。記述形式は「コメント http://URL/」「http://URL/ コメント」です。件名は無視されます。

Twitterからブックマークを追加

Twitterアカウント	Twitterアカウントを設定する
追加設定	ツイートしたURLをブックマークに追加する ツイートをブックマークコメントとして追加する ツイートにハッシュタグをつけるとブックマークのタグとして認識されます
ツイートの形式	B! と URL を含むツイートをブックマークに追加する 全ての URL を含むツイートをブックマークに追加する

ブックマークを集めてサイト価値を高めよう

まずは、Twitterで最初の3ブックマークを獲得し、はてなブックマーク内で「新着エントリー」に入ることを目指しましょう。50ブックマークまで行くと総合ページに露出したり、はてなブックマーク公式アカウントがつぶやいてくれるので、一気にブックマーク数が増えます。

更に、ブックマーク数が増えるメリットは、はてなブックマークからの集客だけではありません。**ブックマークにはそれぞれ被リンク効果があるので、SEO価値が高まる**のです。ブックマーク数が増えれば増えるほど、サイトの価値が上がり、サイト内のさまざまな記事で上位表示されやすくなります。

2016年9月に行われたGoogleのペンギン4.0のアップデート※で、はてなブックマークからのリンク価値は若干低くなりましたが、依然として強力な被リンク効果があります。

※ペンギンアップデートとはGoogleの検索エンジンの仕組みを変更するアップデートです。「ペンギンアップデート」と「パンダアップデート」があり、ペンギンアップデートは被リンクに関する変更、パンダアップデートはコンテンツに関する変更とされています。

はてなブックマークでしてはいけないこと

これまでお話ししてきたように、はてなブックマークは非常に効果的な集客力を持っています。中には、「自分で3ブックマークすればいいんじゃない?」と思う人がいるかもしれませんが、そう簡単にはいきません。

自分で3つのアカウントを取得して3つのブックマークをつけたとしてもアルゴリズム上明らかですし、そのような行為をしているメディアはそもそもはてなブックマークで表示されないという事態にもなるようなので、厳禁です。

Check!

1. はてなブックマーク起点でバズることが多い
2. はてなブックマークはSEO対策にもなる
3. 自分でブックマークする行為はNG

プロの技 26 Facebookを利用した集客

Facebookも利用者の多いSNSです。しっかりとFacebookページを運用してファンを増やしておき、サイトの記事を更新した際には告知をして、アクセスを集めましょう。

Point

- 知り合いを使ってFacebookページの「いいね！」を増やそう
- Facebookのファンを作れば強力な集客経路になる
- 広告で効率的にファンを増やそう

まずは知りあいを巻き込む

AdSenseで収益化するサイトを作ったら、**そのサイトと連携するFacebookページを制作しましょう**。ただ、運営を始めたばかりのときは「いいね！」をしてくれている人がおらず、盛り上がりに欠けます。

そこで、まずは手っ取り早く「盛り上がっている感」を出すために、友人・知人・家族などに「いいね！」をしてもらいましょう。これで20～100人程度でも、Facebookページに「いいね！」がもらえれば上出来です。

Facebookページ自体を広告してファンを獲得する

個人的にFacebookをしていない人は、広告を活用するといいでしょう。下記のようにFacebookページ自体を宣伝して、「いいね！」を獲得することができます。

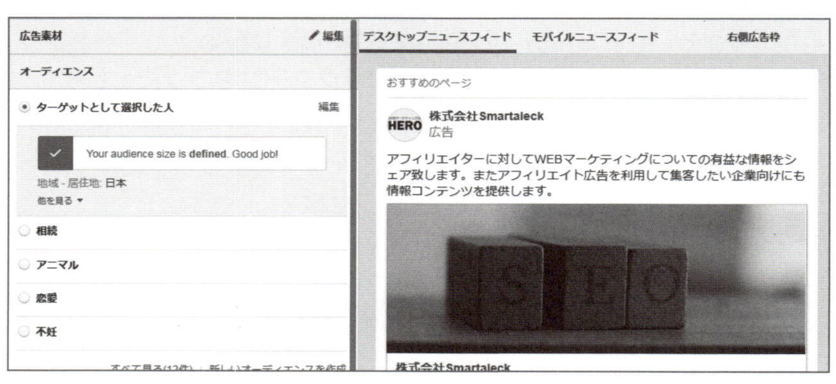

またFacebookでは「どんな人に「いいね！」をしてほしいのか」というターゲティングも、以下のような条件で詳細に決めることができます。

- 性別
- 年齢
- 住んでいる地域
- 興味・関心

また予算も1日100円から設定でき、低予算からはじめられます。このようにFacebookページ自体に「いいね！」を促してファンを増やし、サイト更新時にFacebookに投稿すると、「いいね！」をしてくれたファンのタイムラインに掲載され、集客することができるのです。

「投稿」自体を広告して「いいね！」を獲得する

また基本的にサイトの記事を更新した際は、Facebookページでも記事の紹介をしましょう。このとき、記事更新をお知らせする投稿自体もFacebookの広告を出すことができます。

弊社もサイト運営するときは、記事を投稿するたびにFacebookに記事更新のお知らせを行います。そしてその投稿自体も、200～1,000円の予算で広告を出すことが多いです。

ユーザーの反応が数字になってあらわれる

自分が書いた記事が良いのか悪いのかは、なかなか判断しづらいものです。しかしFacebook広告を使って告知すれば、記事によって返ってくる反応の違いにきっと驚くでしょう。

たとえばすべて200円の広告を出したとき、Aの記事は「1いいね！」しかないのに、Bの記事は「12いいね！」あるといったような、リアルな反応を感じることができるのです。この「いいね！」の数を見ながら、コンテンツ作りの参考にしましょう。

Check!

1. Facebookページを作ってファンを囲い込もう
2. ページで投稿したものに広告を出して「いいね！」を獲得しよう
3. いいね！の数を見て、コンテンツ制作に役立てよう

プロの技 27 Twitterを利用した集客

Twitterのフォロワー数を増やしておくと、プロの技25 でも説明したバズを引き起こすことが簡単になります。また記事を更新したときのアクセス数が安定的に増えるので、1つの集客手段として活用しましょう。

Point

- フォロワー数が多いと集客に困らない
- 記事がSNSで拡散する可能性もある
- 広告活用で効率的にフォロワー数を増やそう

フォロワーが集まりやすいコンテンツ

ここまで、さまざまなコンテンツを紹介してきましたが、そのなかでも

- まとめ・比較・一覧系コンテンツ
- おもしろ！　泣ける！　共感できる！　コンテンツ
- ニュースやトレンド系コンテンツ

などを日々更新しているサイトのTwitterアカウントには、フォロワーがつきやすい傾向にあります。Twitterは確かに「つぶやく」サービスですが、**意外と「見ているだけ」の人が多い**ようです。

実はこういった「見ているだけ」の人たちは、タイムラインから情報を収集するために、いわば**「ニュースアプリ」としてTwitterを利用している**のです。

フォロワーを集めるための4つの技

1 コミュニケーションを積極的にとり、リツイートされやすい関係を築く

もちろん、Twitterユーザーは「見ているだけ」の人ばかりではありません。気に入ったツイートがあれば「いいね！」してくれたり、「リツイート」してくる人も大勢います。

このように相手がアクションをしてくれたとき、「リツイートありがとうございます！」「コメント読みました」などのお礼をしたり、記事の内容に疑問、質問、意見などがつぶやかれている場合に、丁寧に返信すると非常に喜ばれます。

2 フォロワー集めのためにフォロー返しをする

自分のアカウントをフォローしてくれた人に対して、こちらからもフォローを返してあげることも大切です。

フォロワー数が多いことに価値を見出す人も多くいます。フォロー返しを丁寧にしていると、「このアカウントをフォローすればフォローを返ししてくれる＝自分のフォロワーが増える」と考え、フォローされやすくなります。

3 つぶやきすぎはNG

つぶやきが多すぎると、フォロワーのタイムラインにはそのアカウントのつぶやきがズラッと並ぶことになります。広く浅く情報収集を求めているTwitterユーザーにこのようなアカウントは歓迎されず、フォローを外されたり、最悪の場合はブロックされてしまいます。**少ない回数で効率的な情報提供を心がける**とフォロワーにも有益なアカウントとなります。

●ツイートの推奨時間と情報量の目安

- 出勤時間7時～9時に3記事～5記事分のつぶやき
- お昼休みの時間11時～13時に3記事～5記事分のつぶやき
- 帰宅ラッシュの17時～19時に3記事～5記事分のつぶやき

4 広告出稿も検討する

Twitterでは、広告出稿も可能です。スタート当初でフォロワー数が十分でないときや、大きな告知などの前に**戦略的にフォロワー数を増やすことが可能**となります。Twitterでの広告出稿には下記の2つの方法があります。

- YAHOO! JAPANプロモーション広告（http://promotionalads.yahoo.co.jp/）
- Twitter広告（https://twitter.com/）

広告出稿後は、費用と得られた効果（主にフォロワー数）をチェックし、今後の運営に活かしましょう。

Check!

1. サイト専用のTwitterアカウントを作ろう
2. しっかりとユーザーとコミュニケーションを取ろう
3. Twitter広告の使用も検討しよう

第2フェーズ：集客戦略

プロの技 28 プレスリリースを利用した集客

これまで見てきたSNSなどによる集客方法は、手軽でポピュラーなものです。ここでは、プレスリリースを活用する方法を紹介します。プレスリリースは個人レベルではあまりなじみのないものですが、他メディアで取り上げてもらうことができれば確実に情報が広がります。

Point

- 法人としてメディア運営するならプレスリリースを活用しよう
- さまざまなメディアに取り上げられて信頼度があがる
- 意外と安くプレスリリースは使える

プレスリリースとは？

プレス（Press＝新聞社、出版社、広くメディア関係）、リリース（Release＝発表）という言葉のとおり、「報道発表すること、またその資料」という意味です。企業や団体、お店などが自社の製品やサービスの紹介をしたり、お知らせやIR情報などを公表するために使います。

プレスリリースは**法人格から発信することが望ましく、サイトの運営者情報などが必要**になってきます。法人としてしっかりとメディア運営していきたい場合には、ぜひ活用したいところです。

認知度アップとブランディング

サイト運営にあたって、これまで見てきたようなSEO対策を中心とする施策が運営の基本となりますが、プレスリリースにはもう１つ重要な意味があります。それは、**ブランディング効果**です。

プレスリリースがきっかけで、ほかのメディアに自サイトが紹介されると信頼性が高まります。メディアとしてのブランドが確立してくると集客の安定にも繋がります。もちろん、ほかのメディアに掲載されればそれだけリンクも増えるので、副次的なSEO効果も期待できます。

格安！　お勧めのプレスリリース会社

私が実際に利用しているプレスリリースサービスを紹介します。いずれも何十万円とするようなサービスではなく、数万円程度で配信できるので是非使ってみてください。

● お勧めサービス その１

ドリームニュース

月額１万円で月に何度もプレスリリースが配信可能です。さまざまなサイトに確実に掲載されるので多数のWEBメディアで告知したいときに向いています。

http://www.dreamnews.jp/

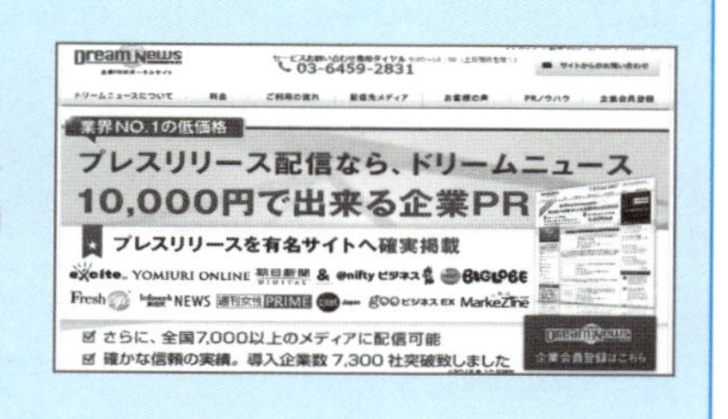

● お勧めサービス その２

@プレス

１回３万円程度で利用が可能です。比較的さまざまなサイトに紹介されやすくお勧めです。

https://www.atpress.ne.jp/

Check!

1. サイトを使ったときにプレスリリースを試してみよう
2. サイトの認知度拡大とたくさんのメディアからリンクを受けよう
3. 比較的安い金額で施策できる

プロの技 29 やれることをやれば あなたのサイトは磁石になる

コンテンツをしっかりと作り、SNSや検索エンジンで上位表示することができれば、安定的な集客が可能です。1つ1つのアクションを「アクセスアップ」を意識し作業していけば自然とアクセス数は伸びていくのです。

Point

- SEO対策でしっかりと集客しよう
- SNS関連の集客も大事
- プロの技24 ～ プロの技29 をもう一度復習しよう

さまざまな経路からアクセスを集める

プロの技24 でお話ししたような「SEO対策」をしっかりとやれば、**検索エンジンで何らかのキーワードで検索した人のアクセスが多くなります**。

検索エンジン上からのアクセス。しっかりとSEO対策をしていれば検索エンジンからのアクセスだけで月間何十万アクセスもある

	集客		
	セッション	新規セッション率	新規ユーザー
	495,501 全体に対する割合: 100.00% (495,501)	86.06% ビューの平均: 86.00% (0.06%)	426,412 全体に対する割合: 100.06% (426,152)
1. Organic Search	415,590 (83.87%)	86.40%	359,049 (84.20%)
2. Direct	35,602 (7.19%)	83.53%	29,738 (6.97%)
3. Referral	24,142 (4.87%)	87.47%	21,117 (4.95%)
4. Social	20,119 (4.06%)	81.84%	16,466 (3.86%)
5. (Other)	48 (0.01%)	87.50%	42 (0.01%)

さまざまサイトで紹介をしてもらう

私の運営するメディアではSEO対策だけではなく、プロの技13 に書いたSNSウケのいい記事も随時投稿しているので、はてなブックマークが増える傾向にあります。

次頁の画像のように被リンク数54,117リンクのうち、はてなブックマークからの被リンクが53,086を占めています。もちろんドメイン別でみると多種多様なサイトからリンクも受けています。

サイトへのリンク

総リンク数
54,117

SNSで話題になるようなコンテンツを追加していると、いろんなサイトで取り上げられて被リンクが増える。第3者がナチュラルにつけてくれた被リンクの数

リンク数の最も多いリンク元

hatena.ne.jp	53,086
kadenkaigi.com	246
hatenablog.com	116
hateblog.jp	62
google.com	54

詳細 »

AdSenseは安定したアクセスが安定した収益を生む

アフィリエイトは、トレンドなどの影響で報酬額が大きく上下することがあります。

一方AdSenseは微増や微減はありますが、基本的に収益額はそれほど変わりません。またAdSenseの場合、「商品がアフィリエイトできなくなった」「冬になるとウォーターサーバーが売れない」というようなリスクも非常に少ないのも魅力的です。

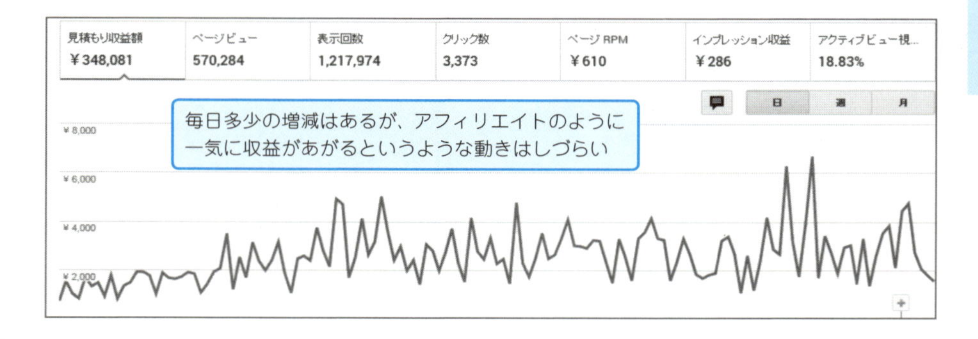

Check!

1 集客さえできれば収益があがるのがAdSenseの良さ
2 一般的なアフィリエイトにある増減が少ない
3 アクセスが増えれば安定的な収益が生まれる

プロの技 30 目指すべきクリック率は0.5%

AdSense収益を向上させるために、重要な指標のひとつとなるのが「クリック率」です。AdSenseは、広告がクリックされることで収益が発生します。そのため、クリック率が上がれば当然収益の向上も見込めます。それでは、一般的にこのクリック率の平均はどの程度なのでしょうか。またAdSenseで収益をあげようと考えたときにどのくらいを目標として設定すればいいのでしょうか。

Point

- AdSenseの平均クリック率は0.2%
- アフィリエイトとAdSenseの違いを知ろう
- まずはクリック率0.5%を目指そう

AdSenseのクリック率の平均

AdSense収益を向上させたいと考えたとき、参考となる基準として知っておきたい情報のひとつが、**AdSenseのクリック率の平均値（クリック数を表示回数＝インプレッション数で割った値）**です。サイトのジャンルを問わなければ、**AdSenseのクリック率の平均は約0.2%**（2015年の日本市場でのデータ）です。

0.2%というと、大まかにいえば500人中1人がクリックをする計算です。大きな企業が運営し、月に数千万PVも集めているサイトであれば、このクリック率でも十分収益は発生するでしょう。しかし個人で管理しているサイトや比較的規模の小さい会社のサイトでは、0.2%のクリック率で収益をあげることはなかなか難しいかと思います。

AdSenseとアフィリエイトサイトとの違い

サイトを収益化する方法として、AdSenseのほかによく使われるものにアフィリエイトがありますが、AdSenseとアフィリエイトは特徴が異なります。

アフィリエイトの場合は報酬が高いので、月間1万PVレベルでもサイトに訪れるユーザーの関心とコンテンツの内容が強く合致していれば、1カ月で100万円程度を稼いでいるサイトも多くあります。そのため、サイトの内容によってはAdSenseよりもアフィリエイトを優先して行ったほうが、より高い収益をあげられるケースもあるでしょう。

● パフォーマンスレポート > 概要タブ

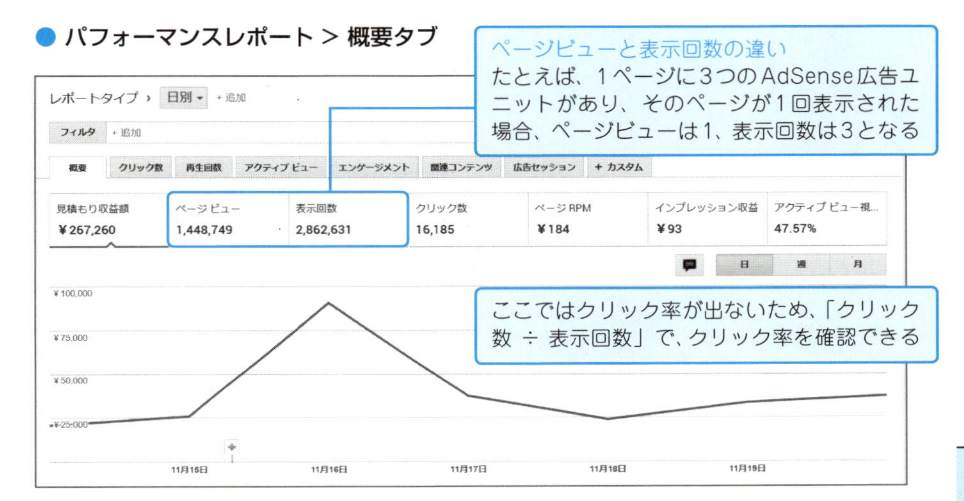

● パフォーマンスレポート > クリック数タブ

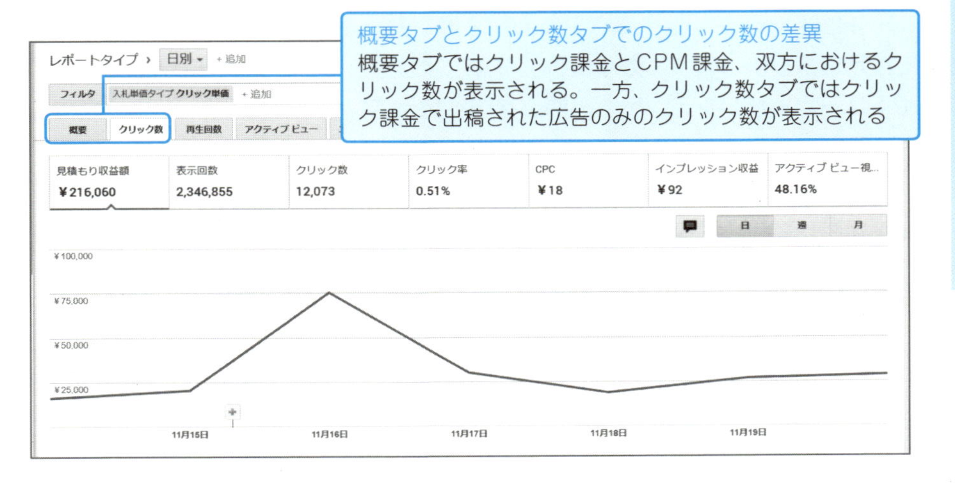

一方で、「宣伝する商品に関すること以外に好きなことを書けない」、「競合が激しくなかなかユーザーが集まらない」という難しさもあります。

次頁にAdSenseとアフィリエイトの特徴をまとめました。それぞれの特徴を踏まえて自分にあったほうを選択する、もしくは、両方を試してみることをお勧めします。また複数のサイトを持っているならば、AdSense用とアフィリエイト用とで分けてみるのもいいでしょう。

● AdSenseとアフィリエイトの違い

AdSense	アフィリエイト
クリック率はそれほど高くない	クリック率は高い
収益化するには相応のPVが必要	テーマを絞るため、ユーザーを集められれば少ないPVでも収益化可能
AdSenseポリシーに違反しない限り、好きなことを書ける	基本的に宣伝する商品に関することのみを書く
アフィリエイトほど競合は激しくないため、テーマにもよるがPVを集めやすい	競合が激しくPVを集めるのが難しい

クリック率0.5%を目指そう

コンテンツのテーマが明確なサイトであれば、訪れるユーザーのうち、コンテンツの内容に関心を持っている人の割合も増加します。加えてAdSenseに配信される広告の内容もユーザーの関心にあったものが増えることから、ここでもクリック率を高めることが可能です。

まずは平均のクリック率0.2%の約2倍である**クリック率0.5%を目標**として設定してみましょう。取り扱うテーマをより絞っていけば、その分、集まってくるユーザーがコンテンツへの関心を強く持っている割合も多くなるはずです。

しかし一方で訪れるユーザーの数が伸び悩み、サイトのPVが増えにくいといったジレンマも出てくるかと思います。そのため、AdSenseの場合は**CTR(クリック率)を追い求めるあまりテーマを絞りすぎてPVが少なくなってしまうよりは、0.5%のクリック率のサイトを複数運営したほうがいい**でしょう。

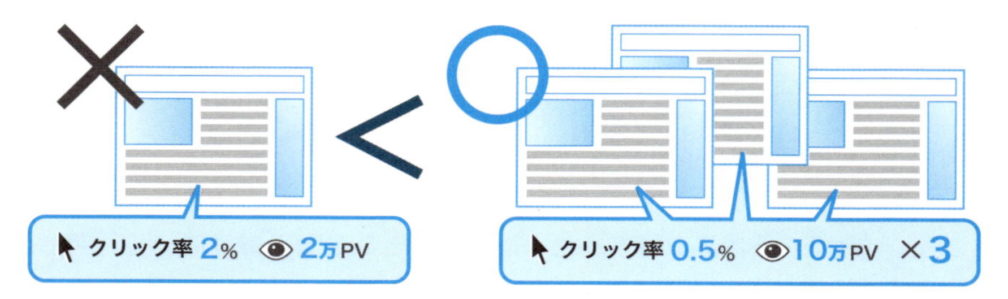

Check!

1. AdSenseのクリック率は平均で0.2%
2. サイトによってはAdSenseよりアフィリエイトのほうが適していることもある
3. まずはクリック率0.5%を目標にしてみよう

プロの技 31 よくクリックされる広告の配置と種類

サイトの収益を向上させるためには、広告がユーザーの目にとまり、アクションを起こしてもらいやすい配置やサイズを考える必要があります。この配置とサイズはクリック率に与える影響が非常に大きいだけに、特徴をきちんと押さえ、収益の向上を図っていきましょう。

Point

- ユーザーが見る時間の多いところに配置しよう
- コンテンツ下もクリック率が高い
- お勧めの広告サイズを活用しよう

クリック率に影響を与える要素とは

AdSenseのクリック率に影響を与える要素は、大きく２つあります。

ひとつ目は**広告をどこに置くのかという「配置」**、２つ目は**どの大きさで表示させるかという「サイズ」**です。この２つの要素を上手に組みあわせてサイトへ実装することで、AdSenseのクリック率は向上させることが可能です。

❶「配置」　上にあればあるほどクリック率が高い？

AdSenseの配置については、基本的にはサイトの上に配置されていればいるほど、クリック率は高いといえます。しかし、これが必ずしもすべてのケースに当てはまるわけではありません。

たとえば、ブログのように記事があるコンテンツページにおいては、**記事上よりも記事下に配置されたAdSenseのほうがクリック率が高い傾向**にあります。これは、日本人はサイトを上から下へ、流れに沿ってきちんと読み進めていくことが多いためと考えられます。このことから記事下にAdSenseを配置することは、クリック率を高めるための方法としてもひとつの鉄板といえるでしょう。

また、とにかく上に配置すればいいかといえば、そういうことでもありません。たとえばサイトの最上部、サイト名やサイトロゴの右脇にできた空きスペースに広告を設定しているケースを見かけることがあります。このようにあまりにも上に配置すると、スクロールによって広告がすぐに画面外へと消えていまい、クリックされにくくなってしまいます。

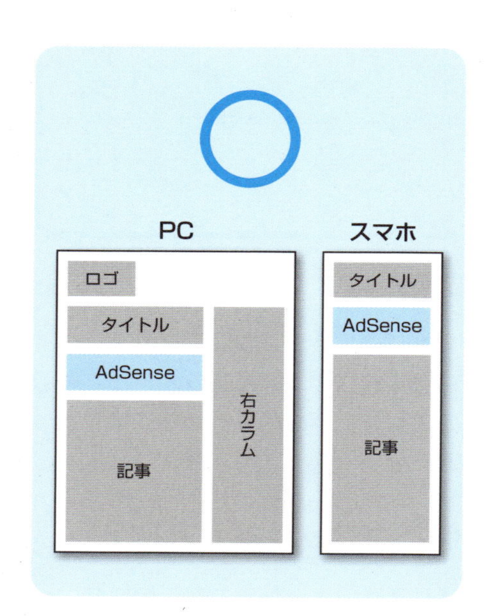

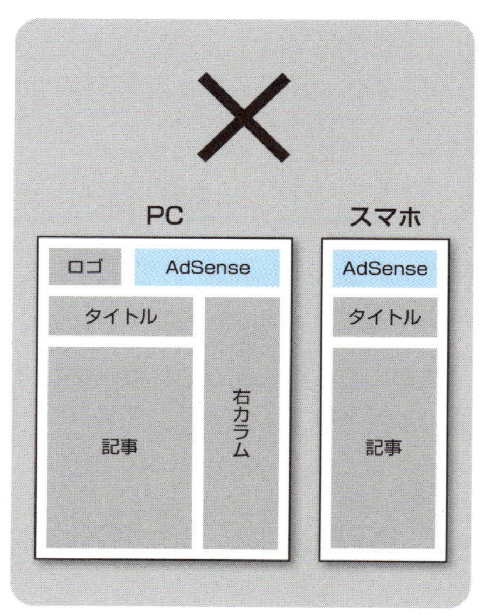

❷「サイズ」　広告の種類とクリック率

クリック率という点から広告の種類を見ていくと、広告のサイズは大きければ大きいほどクリックされやすい傾向にあります。AdSenseでは縦長や四角、横長といったように形状・サイズの異なるさまざまな種類の広告ユニットが用意されていますが、中でもそれぞれの形状別に特にクリック率が高いのは、次のサイズです。

- 縦長：160×600
- 四角：300×250、336×280
- 横長：728×90

● 縦長　160 × 600

● 四角　336 × 280

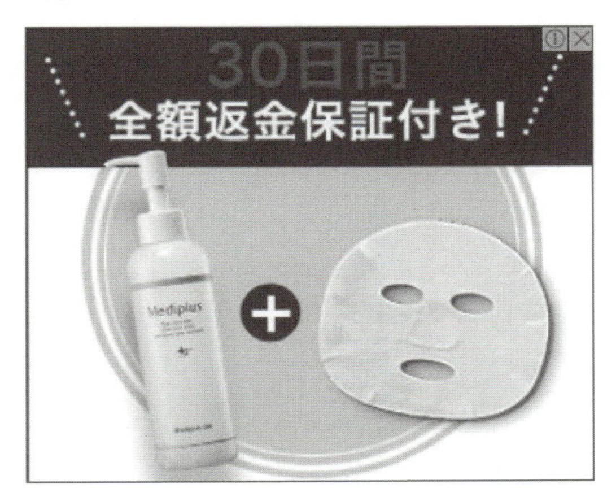

● 横長　728 × 90

● 横長（スマートフォン）　320 × 100

この傾向はスマートフォンにおいても同様です。たとえば同じ320ピクセルの幅の広告であれば、320 × 50の広告よりは、320 × 100の広告のほうがクリック率は高くなっています。

AdSenseの種類や配置は複雑なものではありません。ご紹介したクリックされやすい広告をユーザーの目が長くとまるところに配置すれば、自然とクリック率は伸びるでしょう。

Check!

1. クリック率に特に影響を与える要素は広告の配置・サイズの2つ
2. 基本的に広告は上にあるほどクリック率が高いが、例外もある
3. 広告のサイズは大きければ大きいほどクリックもされやすい

第3フェーズ：AdSense関連ノウハウ

プロの技32 スマートフォンでのAdSense実装のノウハウ

最近ではスマートフォンの普及に伴い、サイトへのトラフィックもその内容が変化してきています。以前に比べるとPCサイトへのアクセスは割合的に減ってきており、その代わりにスマートフォンサイトへのアクセスが増加しています。今後この傾向はさらに強くなることが予想されるだけに、スマートフォンユーザーをしっかりと意識した戦略を練る必要があります。

Point

- 広告は可能な範囲でたくさん配置
- 記事の上中下にAdSenseを配置しよう
- 配置方法がポリシー違反にならないように気をつけよう

基本的な戦略

現状では一般的な特徴として、スマートフォンサイトのAdSenseのクリック単価はPCサイトよりも低いという傾向が見られます。

しかしその一方で、**サイトへのトラフィックはPCサイトよりもスマートフォンサイトへのアクセスが占める割合が増えてきています**。サイトのジャンルにもよりますが、一般的にはPCサイトよりスマートフォンサイトのほうがPVが多くなってきています。

そのため今後AdSenseで収益を向上させていくには、「**PVの多さで収益をあげる**」、あるいは「**スマートフォンサイトのクリック率が高くなる実装を施して収益をあげる**」といったことが必要です。これまで以上にスマートフォンユーザーのことをしっかり意識し、戦略を練っていきましょう。

1 広告は3つ以上置く

クリック数を増やすために有効と考えられる手段のひとつは、**広告ユニットの数を増やす**ことです。

2016年9月から、1ページ内に実装できる広告ユニットの数に制限はなくなりました。コンテンツの分量にもよりますが、可能な範囲で、広告ユニットの数を増やしましょう。3つ以上を目安にしてください。

これらの広告ユニットをいかにクリックされるところに配置できるか、が大きポイントとなってきます。

2 広告の配置は「上」「中」「下」がポイント！

● 上に置きすぎない

サイトの上に配置するほどユーザーの視界に入る可能性も高く、結果としてクリックもされやすくなりますが、**スマートフォンサイトに関しては広告を上に置きすぎないことも大切**です。画面がスクロールされやすく、広告がすぐに画面外へと消えてしまうからです。

● ファーストビューに1つ

広告はできればファーストビューに1つ配置したいところです。しかしこれも、ファーストビューに置きさえすればなんでもいいというわけではありません。ファーストビューに設置する場合のお勧めは、**クリック率が高くなりやすい記事タイトル直下**です。

● 記事の下にも忘れずに

PCサイトとスマートフォンサイトに共通してクリック率が高くなりやすい場所が、**記事の下**です。ほかにも、記事がすごく長い場合は**記事中のコンテンツの切れ目（内容の転換部分）に広告を配置するのも有効**です。

逆にコンテンツ自体があまり長くない場合は**ファーストビューに1つ、記事下に1つ、残りはフッターに1つ**配置するのがいいでしょう。

なお、広告の配置についてひとつ注意したいのは、AdSenseのスマ

● スマートフォンサイトに実装する例

【大掃除】知っておきたいマル秘テクニック13選

スポンサーリンク

AdSense　320×100

1. 上から下へ掃除するのが基本

□□□□■□□□□□■□□□□□■□□□□□■
□□□□■□□□□□■

2. 新聞紙を使えばあっという間に・・・

□□□□■□□□□□■□□□□□■
□□□□■□□□□□■□□□□□■□□□□□■
□□□□■□□□□□■

スポンサーリンク

AdSense
300×250 or 336×280

3. 重曹を使ってお掃除すると・・

□□□□■□□□□□■□□□□□■□□□□□■
□□□□■□□□□□■
□□□□■

4. まとめ

□□□□■□□□□□■□□□□□■
□□□□■□□□□□■

スポンサーリンク

AdSense
300×250 or 336×280

ートフォンサイトにおけるポリシーの１つとして、**スマートフォンの１ 画面内にAdSenseが２つ表示されてはいけない**というポリシーがあることです。フッターに配置する広告は関連記事と新着記事の間に配置するなど、記事下に配置した広告と距離が近づきすぎないように気をつけてください。

広告のサイズ

300×250サイズのレクタングル広告は、PCサイトでもスマートフォンサイトでも非常にクリック率の高い広告です。これを記事下、記事中、フッターといった場所に積極的に使っていきましょう。

ただしこの300×250サイズのレクタングル広告をファーストビューに配置すると、スマートフォンの場合AdSenseのポリシーに違反してしまう可能性があります。**ファーストビューに配置する広告は、320×100サイズの横長**のものがいいでしょう。

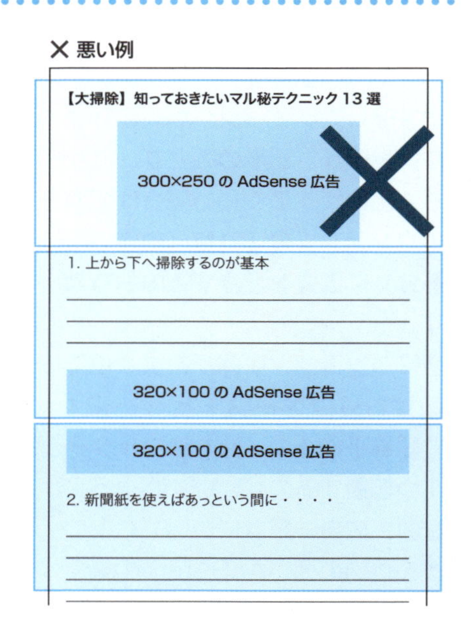

新しい広告の活用

Googleでは、2011年頃より「モバイルファースト」という言葉を用いるようになりました。これはそのまま「スマートフォンを優先する」ことを意味しており、Googleがスマートフォンに力を入れていることがわかります。

Googleでは現在、**新しいプロダクトやサービスを開発する際はスマートフォン向けのものを優先**しています。AdSenseも同様で、さまざまな機能が用意されるなかでも、スマートフォンサイト向けならではの広告展開が進んでいます。

最近リリースされたものだと、スマートフォンサイトのフッター部分に常に表示される**アンカー広告（オーバーレイ広告）**、何回かに1回全画面で表示される**インタースティシャル広告**など、ページ単位での広告サービスが該当します。クリック率を向上させるため上手に使っていきましょう。

ただし、Googleがリリースしているから何でもいいというわけではありません。これらの広告は、どちらかというと収益のためにユーザーエクスペリエンスを犠牲にするタイプで、他社のアドネットワークやSSPが提供している同タイプの広告と比較して、収益性・配信コントロールの点で劣る場合があります。これらも考慮し、そのうえで自分のサイトに向いているものを採用する判断が必要です。

● アンカー広告

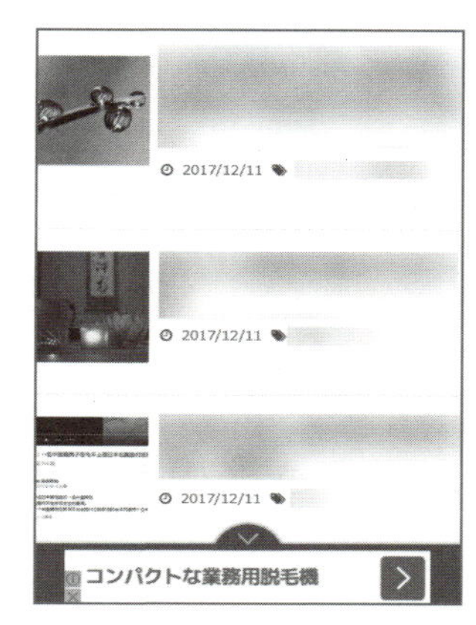

● インタースティシャル広告

Check!

1. スマートフォンサイトでのクリック率を向上させることが重要
2. 広告をページの一番上に配置することは避け、2つ以上を近い位置に置かないように注意する
3. 300×250サイズのレクタングル広告はPCサイトでもスマートフォンサイトでも積極的に使う

プロの技 33 PCサイトでのAdSense実装のノウハウ

スマートフォンの普及に伴い、PCサイトのPVは年々減ってきています。しかし、IT、経営、不動産、資産運用などのジャンルは、PCサイトのPV比率がまだまだ高いジャンルです。またPCサイトのAdSenseは、スマートフォンサイトと比較してCPCが高い傾向にあります。スマートフォンサイトだけではなく、PCサイトもしっかりと最適化しましょう。

Point

- スマートフォンサイトより広告を多く実装し、ポリシー変更を収益向上に活かす
- アクティブビューを意識し、スクロールごとにAdSenseを実装しよう
- 最も収益を稼ぐエリアであるコンテンツ下の実装を厚くする

基本的な戦略

1 広告は4つ以上実装する

AdSenseの表示回数に影響を与える要素は、**サイトのPVと1ページ内に実装している広告ユニットの数**です。もちろん、クリック率の著しく低い場所にAdSense広告ユニットを実装しても収益向上にはつながりません。コンテンツより広告の分量が多くなってしまうのはポリシー違反ですが、今までと比較してAdSense表示回数を増加しやすくなりました。できる限り広告ユニットの数を増やしましょう。

2 広告の配置は適切な場所に

● 固め過ぎない

1ページに4つのAdSense広告ユニットを実装するとして、それを1画面で見える範囲に固めて実装することはお勧めできません。いくらポリシーが変更になったとはいえ、引き続き、過度な広告実装は違反の対象です。適度にばらけさせましょう。**スクロールするごとにAdSense広告ユニットが1つ、もしくは2つ見えるのが理想的**です。

● ユーザーの目の留まる場所に

またメインカラムだけではなく、右カラムにも広告ユニットを実装しましょう。右カラムではユーザーの目が留まりやすい箇所の上下を狙って広告ユニットを実装します。特に日本のユーザーはランキングが好きなので、新着記事やラ

ンキングの上下はCTRが高いことが予想されます。一度実装したあとは場所を変えてみて、アクティブビューとCTRで効果測定することも大事です。

3 コンテンツ下が最重要ポイント

● 記事の下にも厚く

クリック率が高くなりやすい**コンテンツの下**には、**広告ユニットを横に2つ並べて実装しましょう**。ページ内で最も収益を稼ぐ場所であるコンテンツ下の広告実装を厚くします。コンテンツと距離を空けすぎないことがポイントです。

● 記事途中にも実装する

記事が長くなる場合は、以下のような**コンテンツの切れ目にも実装します**。

- 内容の転換部分
- 見出しの上
- 要約部分と詳細部分がある場合はそれらの間

またスマートフォンサイトと同様、見出しの下に実装するとポリシー違反の警告が来てしまうことがあるので注意しましょう。

広告のサイズ

● CTRの高いサイズを積極的に使う

広告サイズは**300×250、336×280、728×90、160×600**の4つがお勧めです。PCのスクリーンが大型化していることに伴い、サイトの横幅が大きくなってきており、PCサイトではより収益性の高い広告実装が可能になっています。

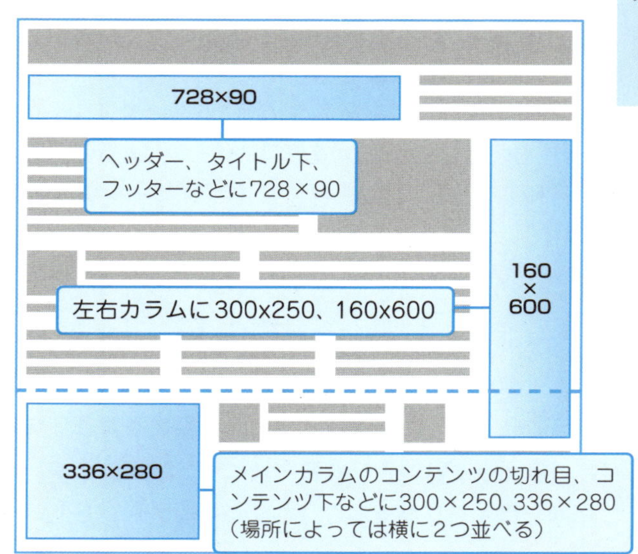

● 新しいサイズの広告も試してみる

300×600、970×90、970×250の広告サイズは、AdSenseにて比較的新しいサイズです。いずれも面積が大きな広告ユニットとですが、これらのサイズがリリースされた背景の1つとして、**Googleがブランディング目的の広告出稿増加を狙っている**というポイントがあります。

ブランディング目的とは、商品、サービスの申し込みや購入という、いわゆる獲得目的ではなく、ブランドや企業の認知度向上を目的とした広告出稿です。企業がテレビCMや新聞に割いていた広告予算を、インターネット広告にシフトさせたいという意図があります。

ブランディング目的の場合、広告主からは**大きくてアクティブビューが高い広告枠が求められます**。クリエイティブの種類としては、AdSenseで主流のディスプレイ広告だけではなく、インパクトのある動画も求められています。

なお、新しい広告サイズはリリースされてからしばらくの間は広告在庫が少ない状況にあります。当然のことながら、リリース直後はそのサイズを実装しているサイトが少なく、それにより広告主が少ないためです。

現在ではサイズが大きい300×600のCTRは300×250より高く、広告主の出稿増加に伴いCPCが高まってきたことで、300×250と同程度、サイトによってはそれを上回るインプレッション収益となるケースも出てきました。

970×90はサイトの横幅全体を貫く実装ができる場合、お勧めです。**同じ広告枠に728×90も配信されるので、728×90の上位互換**ともいえます。

970×250は最も新しく、「ビルボード」と呼ばれる広告ユニットです。広告主からはブランド認知度の向上に適したフォーマットと捉えられています。

たとえば、YouTubeのTOPページに表示されるサイズがこれです。Google以外のアドネットワークではブランディング目的の広告主によく販売しているサイズで、現在AdSenseではこのサイズでの広告出稿は限られていますが、今後に期待したいサイズです。

Check!

1. PCサイトのトレンドを踏まえ、実装するAdSense広告ユニット数を増加させることが重要
2. スクロールするごとに広告が見えるような実装を心がける
3. 記事下には2つの広告ユニットを実装する
4. 新しくリリースされたサイズもテストしてみる

プロの技34 クリック率が高い広告を知っておこう

AdSenseで収益を向上させるためには、スマートフォンサイトでのクリック率を高めることがひとつの鍵となります。AdSenseでは大きく3種類の形状、そしてそれぞれに対してサイズの異なる複数種類の広告ユニットを用意していますが、広告ユニットのサイズによってクリック率の違いはあるのでしょうか。この点をきちんと意識し、より収益に繋がる広告配置を実装しましょう。

Point

- なんといっても大きいサイズが収益化には有利
- 大きい広告のほうがいろんな種類の広告が配信される
- 横長、縦長、正方形など、それぞれのお勧めの大きさを理解しよう

クリック率は、基本的に広告ユニットの大きさによる

配置する場所だけでなく、**広告ユニットのサイズもクリック率に影響を及ぼします**。広告をサイズ別に見た場合、基本的にはサイズの大きい広告ユニットほどクリック率も高くなるという傾向があるからです。

AdSenseでは「横長」「四角」「縦長」と大きく3種類の形状の広告ユニットが用意されていますが、広告ユニットのサイズとクリック率の関係はこのいずれの形状においても当てはまります。サイトに配置する広告ユニットは**なるべくサイズの大きいもの**を選択するよう心がけましょう。

1 よりクリック単価の高い広告が配信されやすい

Googleでは2013年より、「設置された広告ユニットより小さいサイズの広告であっても、収益性が高ければそちらを優先して配信する」という仕組みを新たな機能として導入しています。

● **広告の許可とブロック > すべてのサイト > 広告配信 > ディスプレイ広告**

ディスプレイ広告

- ✔ 類似サイズのディスプレイ広告 - 類似サイズのディスプレイ広告を、広告ユニットに収まるようにサイズ変更して表示します。
- ✔ エンハンスト ディスプレイ広告 - 掲載結果を高める機能をディスプレイ広告に表示します。
- ✔ アニメーション ディスプレイ広告 - アニメーション ディスプレイ広告を表示します。
- ✔ エキスパンド広告 - ユーザーの操作に従って広告ユニットのサイズ以上に拡大される広告を表示します。

設置された広告ユニットより大きいサイズの広告であってもGoogle側の画像処理で調整し、掲載するというところまでバージョンアップされている

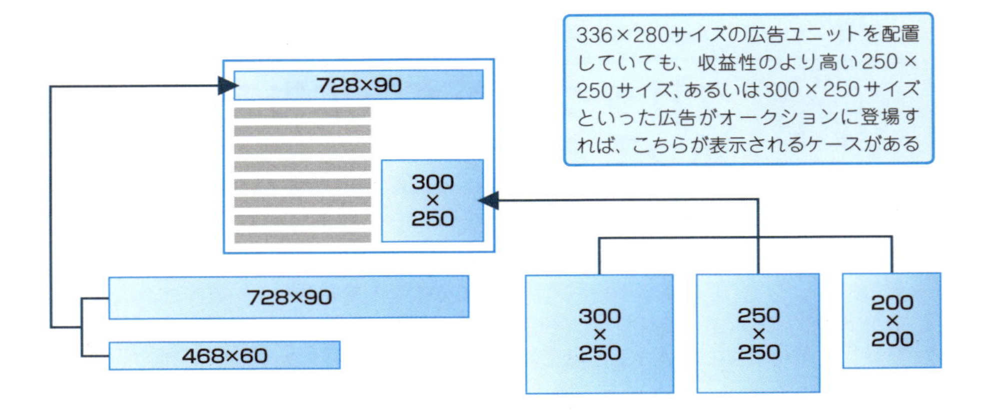

つまり、**大きな広告を配置したほうが多くの広告が配信されやすい**のです。現在は、ひとつの広告ユニットの中で複数サイズの広告によるオークションが行われている状況です。少しでも大きなサイズの広告ユニットを配置することで、クリック率だけでなくクリック単価の面でも収益の向上が期待できます。

2 大きいサイズの広告は広告主からも人気がある

広告ユニットの形状ごとに複数のサイズを用意し、配信できるようにしているAdSenseですが、広告を出稿する広告主に人気のサイズはある程度決まっています。**サイズの小さい広告は下火**となっており、結果としてサイズの小さい広告枠ではオークションが活性化しにくい状況です。

お勧めの広告サイズ

1 横長の場合

まず横長のものでは、次の3種類の広告ユニットが用意されています。

- 468×60サイズ
- 728×90サイズ
- 970×90サイズ

このうち、クリック率が高いという理由でよりオススメしたいのは**728×90サイズ**と**970×90サイズ**の広告ユニットです。

2サイズの広告ユニットをクリック率で比べてみると、728×90サイズは468×60サイズの約2倍ほどのクリック率があることもわかっています。スマートフォンサイト用の広告ユニットも同様で、320×50サイズ、320×

100サイズと2種類用意されている広告ユニットのうち、**よりクリック率が高いのは320×100サイズ**です。広告主からも、大きなサイズの広告ユニットのほうが圧倒的に人気です。

2 四角の場合

小さいサイズで200×200サイズといった広告ユニットも用意されています。しかし、こちらも**クリック率が高いのは300×250や338×280といった、サイズの大きい広告ユニット**です。

300×250サイズはインターネット広告で最も多く使用されています。広告主にとっては自社の広告が配信できるサイトが多いことを意味するので、とても人気があります。

3 縦長の場合

120×600サイズ、160×600サイズの2種類の広告ユニットが用意されています。いずれも縦のサイズが600と同じになっているこの2種類ですが、こちらも横幅がより広い、**160×600サイズのほうがクリック率が高い**です。

大は小を兼ねるといいますが、AdSenseの広告ユニットとクリック率の関係はまさにこのとおりです。広告主側の心情を考えても、少しでも大きなサイズの広告ユニットを配置することが双方にとってメリットが生まれる状況になっています。

Check!

1 広告ユニットのサイズが大きいほどクリック率も向上する
2 大きな広告ユニットを配置するとクリック単価の高い広告が配信される可能性も上がる
3 広告主にとって人気のあるのもより大きいサイズの広告ユニット

プロの技 35 単価の高い広告を表示する方法

AdSenseの収益を決める大きな要素となる、広告のクリック単価。1クリックあたりの単価が高くなれば、当然AdSenseでの収益向上も見込めます。ではクリック単価を高めるために、サイト運営者側でできることは何かあるのでしょうか。サイト運営者が自分でできること・できないことをきちんと理解し、収益の最大化を図れるように努めましょう。

Point

- 広告主やGoogleの都合で単価が上がる時期がある
- いろんな広告が配信される設定にしよう
- クリックの質を高めてクリック単価を上げよう

オークションの仕組み

AdSenseの収益は、次の式で計算することができます。

インプレッション（広告の表示回数）× クリック率 × クリック単価

この式を見るとわかるとおり、AdSenseの「インプレッション（広告の表示回数）」と「クリック率」、そして「クリック単価」の掛け算がAdSenseの収益となることから、**広告のクリック単価もAdSenseでの収益向上をはかる場合においては重要な要素**です。そして、このクリック単価は広告主が参加するオークションで決定され、より単価の高い広告が配信されることになります。

つまり**オークションに参加する広告主が多いほど、単価も高くなります**。

1 広告主の予算の都合でクリック単価が高くなる！

AdSenseを長期間利用していると、季節によってクリック単価が変わることがありますが、これもオークションの結果です。広告主の出稿状況は月によってバラつきがあります。出稿が盛んな時期はオークションも活発なのでクリック単価も上がり、逆に出稿が抑え気味だとクリック単価も下がります。

日本において**最もオークションが活性化され、単価の動きが大きい時期は3月と12月**です。これは、広告を出稿する日本の企業の多くが4月～翌3月という年度で回っているからです。特に年度末となる3月は予算消化の時期でもあり、広告主の数も増加します。加えて1広告主が出せる出稿予算にも余裕があるのでオークションが活性化され、クリック単価が高くなる傾向にあるのです。

12月は年末商戦があることから、例年クリック単価が向上しています。ユーザーの購買意欲が盛んな時期に合わせて多くの広告主、特にEC系の広告主が広告予算を投入するのです。

2 Googleの都合でもクリック単価が高くなる！

6月・9月の四半期末も、比較的クリック単価が上がりやすい傾向にあります。Googleは四半期ごとの決算で、広告出稿の営業チームも四半期ごとの営業目標を持っています。目標達成のために四半期末になると広告主から広告出稿の予算を引き出すため、さまざまな提案を行います。

このような動きもあり、四半期末はオークションも活性化しやすく、クリック単価も上がる傾向にあるというわけです。逆にその反動で**1月・4月・7月・10月はクリック単価が下がってしまう**傾向にあります。

なおAdSenseにはもうひとつ、収益を計算するための式が存在しています。

インプレッション（広告の表示回数）× RPM ÷ 1,000

RPMはAdSense管理画面ではインプレッション収益と表示されているもので、広告の1,000回表示あたりの収益を示す指標です。サイトの収益性を表しており、当然、数字が多いほうが収益性が高いといえます。広告主がAdWordsを介して出稿した広告は、AdSenseに広告として表示されます。

そして広告主側の出稿方法には、以下の2通りが用意されています。

- **CPC（クリック）課金**
  これは広告がクリックされる度に広告主は広告費を支払うタイプの出稿方法です。クリックが発生すれば、サイト運営者にも収益が発生します。
- **CPM（インプレッション）課金**
  これはクリックの有無に関わらず、広告が表示されたことに対して広告費を支払うタイプの出稿方法です。広告が1,000回表示されたらいくら、という形での支払いになります。

単価が低くならないようにする方法

クリック単価に影響を与える要素の中で、最も影響が大きいのは**広告主の出稿状況**です。極端にいってしまえば、広告主がたくさん出稿してくれればクリック単価が上がり、そうでなければクリック単価は下がります。

せっかくの数かぎられた広告ユニットなので、高い広告だけを出したいという気持ちもわかりますが、**実際に高い広告だけを狙って表示させたり、あるいは表示させる広告を自由にコントロールするということはできません。**

そのうえで、配信される広告のクリック単価がなるべく下がらないように努力することは、サイト運営者側でもできることです。

1 広告のURLフィルターをかけすぎない

フィルターをかけることはオークションに参加する広告主を減らしていることになります。自分のサイトに出したくない広告があるのはわかりますが、あまりフィルターをかけてしまうと、結果としてクリック単価を下げてしまいます。

自分のサイトとライバルになるサイトなど、一部事情によってフィルターを使うのはもちろん必要ですが、最低限に留めましょう。

2 テキスト広告とディスプレイ広告の両方が配信されるように設定する

広告ユニットの設定では「テキスト広告だけを出す」、「ディスプレイ広告だけを出す」、「テキスト広告とディスプレイ広告を出す」の３種類の配信設定が可能です。このうちクリック単価の高さで見れば、**一番有利なのは「テキスト広告とディスプレイ広告を出す」設定**になります。

配信される広告の幅を広げることで広告主の数も増え、オークションが活性化する可能性が高くなります。

● AdSense 広告制作画面

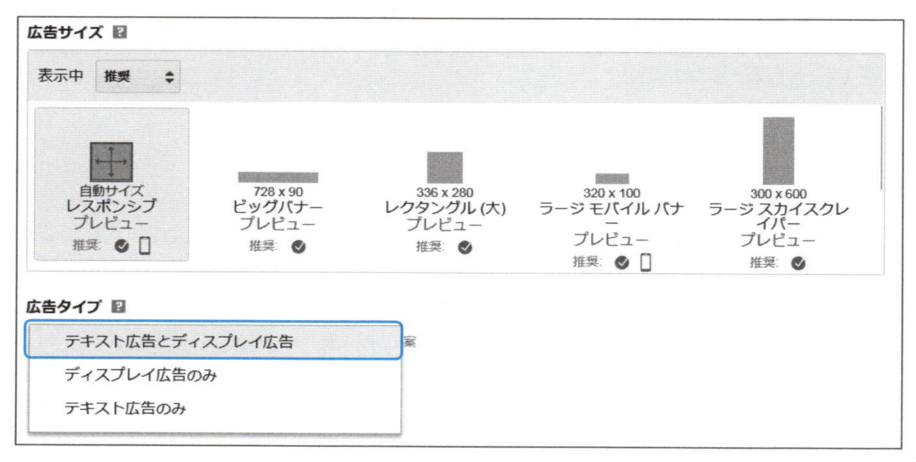

3 広告在庫の多いサイズの広告ユニットを活用する

AdSenseのサイズは、日本向けには2018年1月時点で18種類もの多彩なものが用意されていますが、実はこのうち広告主が使うものはだいたい決まっています。**四角なら300×250サイズ、横長なら728×90サイズ**で、AdSenseにかぎらずほかのアドネットワークなどでもよく使われている一般的なサイズであることが多いです。

多くの広告主が広告を用意しているサイズの広告ユニットを活用すれば、その分、オークションに参加する広告主（広告在庫）も多くなります。結果としてオークションの活性化へと繋がり、単価を少しでも高められる可能性が上がります。

4 広告ユニットの配置に注意する

広告主の負担を減らすため、AdSenseの中には「スマートプライシング」という仕組みが備わっています。これは**成果に繋がらない質の低いクリックが多い広告ユニットやAdSenseアカウントに対して、自動的にクリック単価の引き下げ調整がなされる**というものです。

広告主はAdWordsを用いて広告を出稿する際、1クリック最大いくらまで出せるという金額（上限クリック単価）を設定します。たとえ上限クリック単価を100円としていても、そのサイトのクリックの質が悪い場合には、AdSenseのスマートプライシングが自動的にクリック単価を50円などに引き下げてしまいます。

- **広告とサイトメニューのリンクの距離を無駄に近づける**
- **広告とコンテンツの色を酷似させてコンテンツと勘違いさせる**

特に上記のような広告ユニットの配置は、誤クリックが発生しやすいだけに避けるべきです。

次頁の例のように、広告をサイトのデザインに過度に馴染ませればクリック率は上がるかもしれませんが、クリック単価は下がります。トータルで見たときにマイナスに作用するようになっているので、なじませる場合も「適度に」という意識を持つことが大切です。

● コンテンツと広告の違いがわかりにくい例

左2つはコンテンツ、右は広告。

DFPの活用

中級者以上向けではありますが、Googleでは**DFP**と呼ばれるアドサーバーも所有しています。

通常AdSenseの広告ユニットを配置した場合、AdSenseの広告しか配信されませんが、**DFPを用いて広告枠を作成すると、DFPを介してAdSenseやほかのアドネットワークの広告を配信できます**。他社のアドネットワークに対して、過去の実績から「ここのサイトにこの会社の広告を配信したら平均で○○円程度のCPMの広告が表示される」という金額をDFPにて設定します。

一方、DFPとAdSenseはGoogleが保有するサービスなので、DFP側ではAdSenseのCPMをリアルタイムで把握しています。この強みを活かし、他社のアドネットワークとAdSenseで、よりCPMの高いと思われる広告を優先して配信できるものです。これにより、AdSenseのみで配信していたときに比べ、より単価の高い広告を表示できる確率も上がり、結果として収益があがるケースも出てきます。

Check!

1. AdSenseのクリック単価のブレには、広告主やGoogleの決算時期が関係している
2. サイト運営者側でクリック単価を上げることはできないが、下がらないように努めることはできる
3. DFPを用いて広告枠を作成すれば、AdSenseと他社アドネットワークで競合させることもできる

プロの技 36 サイトと関連性の高い広告のみを表示させる方法

クリック率を向上させるために、サイトとより関連性の高い広告のみを配信することは有効なように思えます。しかし実際にこういったコントロールは可能なのでしょうか。よかれと思って行った施策が逆効果とならないよう、AdSenseの広告配信の仕組みをきちんと理解しておきましょう。

Point

- 広告配信方法を理解しよう
- 基本的にサイトと関連する広告を指定できない
- Googleがユーザーの興味に関する広告を配信してくれる

3つのターゲティング

2018年1月現在、AdSenseに配信されている広告のターゲティングは3通りあります。

1 コンテンツターゲット

AdSenseの広告枠を設置している**サイトのコンテンツに合った内容の広告が自動で配信される仕組み**です。たとえば、ニキビのサイトを運営しているサイトにはニキビ化粧品の広告が配信されます。

これはAdSenseのサービスがスタートした2003年から採用されているもので、2018年現在でも使われています。

2 プレースメントターゲット

広告主が広告を配信したいサイトをドメインで指定する仕組みです。たとえば、ニキビ化粧品を販売している企業が「ニキビ.comというサイトに広告を配信しよう」というように指定できます。

3 パーソナライズ広告

そして最も新しく、盛り上がっているターゲティングが**パーソナライズ広告**です。以前はインタレストベース広告と呼ばれていたもので、名称は変わっても内容は同じです。**サイトを訪れるユーザーの興味関心、あるいは一度広告主のサイトに訪れた人を追いかけて広告を出す手法**で、配信するサイトを指定するのではなく、ユーザーを指定して広告を配信する仕組みです。

「リターゲティング」あるいは「リタゲ」という用語も、パーソナライズ広告に属するものです。ニキビ関連のサイトをたくさん見たことがある人に対して、その人が旅行サイトを見ている場合でも、その旅行サイトにAdSenseが貼られていたらそのAdSense枠にニキビ関連の広告を配信するという仕組みです。

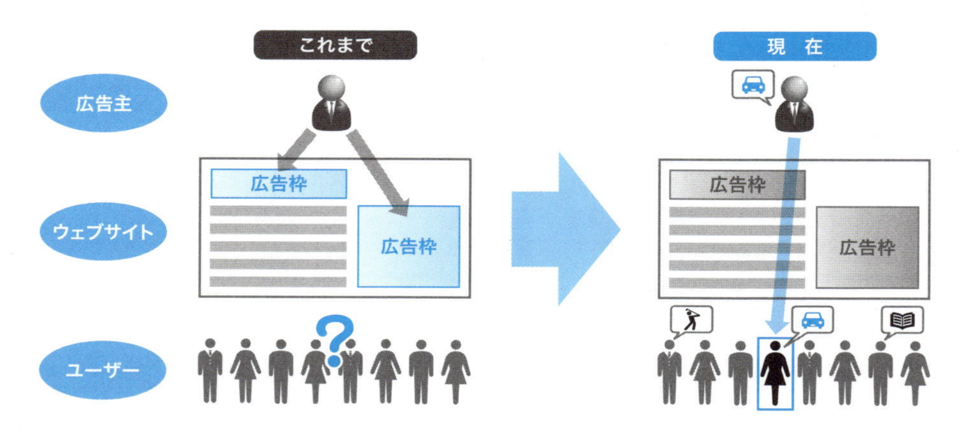

パーソナライズ広告で配信される広告は、サイトのコンテンツの内容とは関係ないかもしれませんが、ユーザーの興味関心とは合致した内容になっています。サイトにはよるものの、収益に占める割合としては半分以上がパーソナライズ広告となっており、この比率は年々上昇しています。

このことから、AdSenseを含むインターネット広告の世界では、現在のターゲティングが「どのサイトにターゲティングするか」という「枠」を対象としたものから、**「誰にターゲティングするか」という「人」を対象としたものに移り変わってきている**といえます。

過去の配信の仕組みから読み解く今のトレンド

なおパーソナライズ広告の広告配信がはじまる前は、コンテンツターゲティングによる広告配信が占める収益の割合も非常に高く、この精度をさらに上げるための施策として**セクションターゲティング**といわれる仕組みも用意されていました。

セクションターゲティングとは、**AdSenseの広告をターゲティングするときにAdSenseのクローラーに読み取ってほしい部分をタグを用いて指定する**ものです。

コンテンツの文量が少ないページの場合、AdSenseのクローラーはヘッダーやメニューバーなどコンテンツ直接関係のない情報も拾っていました。これによりターゲティングの精度が薄まってしまうため、サイト運営者側で読み取ってほしいコンテンツの場所を指定していたというわけです。

ただこのセクションターゲティングについても、現在ではAdSenseのクローラーの精度向上に伴い廃止となっています。

パーソナライズ広告は2種類

■興味関心に基づいた配信

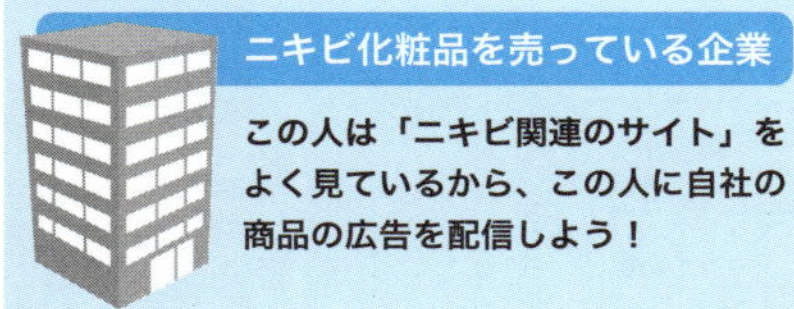

■リターケティングに基づいた配信

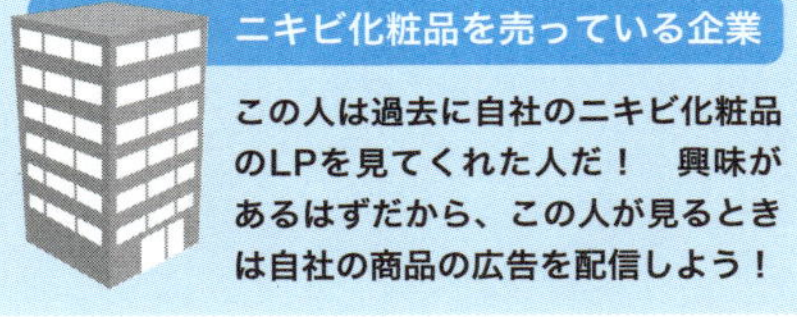

こういったことからも、あえてコンテンツターゲットに絞るのではなく、むしろパーソナライズ広告での広告配信を活用すべきといえるでしょう。

Check!

1 現在はコンテンツターゲットよりもパーソナライズ広告の手法が注目されている
2 収益全体に占めるパーソナライズ広告の割合はサイトによっては8割に近くになっている
3 パーソナライズ広告の広告配信を完全に止めることはできない

プロの技 37 AdSenseレポートの見方

AdSenseの収益を含め、さまざまな情報を読み取ることができるレポート画面。見られる項目は非常に多岐に渡ることから、すべてを完璧に使いこなそうと考えると、かなり苦労することでしょう。ここではレポートの使い方についてポイントとなることを取りあげて紹介します。

Point

- 毎日AdSenseの管理画面はチェックしよう
- 新しい施策をしたときは重点的にチェックしよう
- 新しい施策がどのような収益になったのか確認しよう

すべての機能を使いこなす必要はない

AdSenseの「収益額」や「クリック率」、「アクティブビュー」など、多岐に渡る情報をチェックすることができるのが、**レポート画面**です。自分で抽出条件を設定すれば、かなり細かい数値まで追うことも可能です。

ざっくりとした使い方で構わないので、まずは見たい情報を確実にチェックできるようになりましょう。

● AdSenseレポート画面

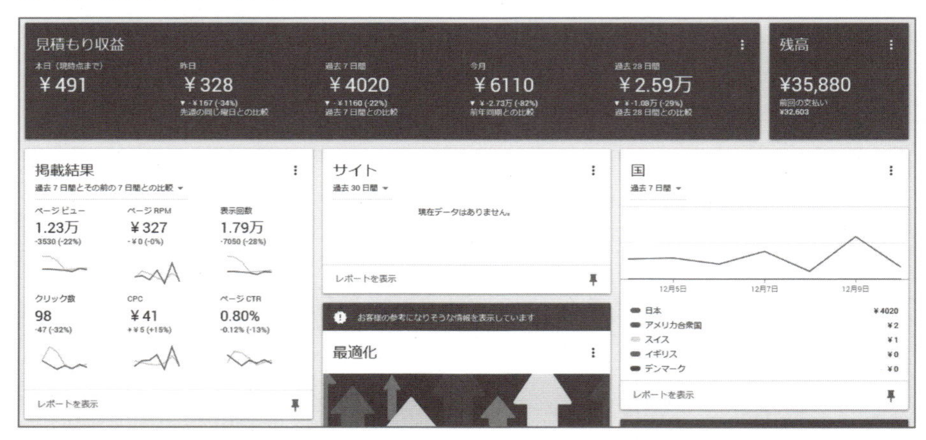

レポートを見ておくべき3つのタイミング

まずは最低限、この３つのタイミングでレポートを確認してみましょう。

1 毎日

AdSenseのPVやクリック単価、広告ユニット別の収益を日々定点観測することで、何か変化が起きた際に早いタイミングで気がつくことができます。急に収益が減っているときはアクセスが急落していることもあるでしょうし、急に収益が増えている場合は、第三者に意図的ないたずらクリックをされている場合も考えられます。

2 収益に変化が見られたとき

どの指標が上下して変化が起きているのかをチェックします。その変化がアクセス数増加のものなのか、クリック単価が上がったからなのかなどを分析します。

3 効果測定をするとき

新しい施策を取り込んだとき、その施策の目的となる指標がどのように動いたのかを確認します。広告を張りつけた位置、広告サイズを変更した場合など、どのような収益変化が起こるのかをチェックしてみましょう。

PDCAのC（チェック）まできちんと行う

PDCA（Plan · Do · Check · Action）のP · Dまでは行うのに、そのあとのC、すなわちチェックをしない人がよくいます。新しい施策を試してみても、きちんと効果測定を行わないと、その施策の効果がどの程度あったのか理解ができず、単純に金額の上下だけが結果として残ってしまいます。

効果測定をした結果を貯めておけば、それが収益性を高めるためのノウハウになっていきます。AdSenseに限ったことではありませんが「新しいことに手をつけたら終わり」ではなく、しっかりその効果も確認しましょう。

Check!

1. レポートはとりあえず自分が見たい情報が見られればOK
2. 最低限「毎日」「変化があったとき」「効果測定時」のタイミングでレポートを確認しよう
3. PDCAのC（チェック）まできちんと行い、ノウハウを蓄積しよう

プロの技 38 クリック率を改善する方法

AdSenseでの収益を向上するために意識したい、広告のクリック率。この数値を改善するためには、どういった方法が有効なのでしょうか。AdSenseのレポートで確認できるアクティブビューの数値を有効に活用し、ユーザーの目にとまる広告の配置、そしてクリック率の向上を目指しましょう。

Point

- クリック率を改善するにはまずアクティブビューを高めること
- どの配置がアクティブビューが高まるのか知ろう
- 事例をもとに自分のサイトに応用してみよう

アクティブビューの分析

広告のクリック率を改善する方法としては、**広告ユニット配置を見直すことが有効**です。広告ユニットの配置はクリック率に大きな影響を及ぼす要素であり、よりよい場所に実装していくことがクリック率の改善に繋がります。

配置の見直しを行う際には、まず分析を行いましょう。AdSenseでは2014年より、レポートにおいて**アクティブビュー**という指標が確認できるようになりました。

● アクティブビュー確認画面

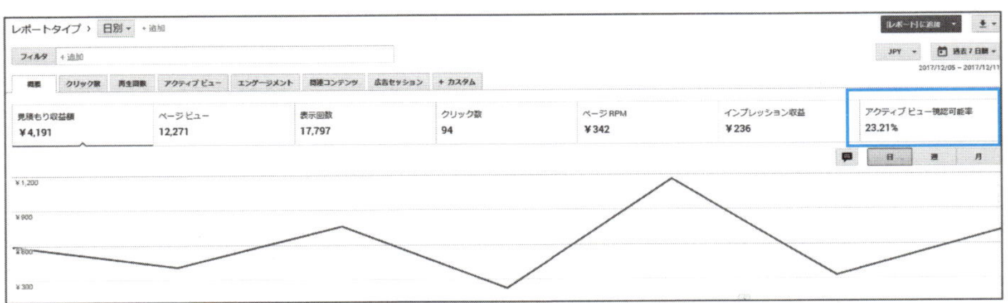

アクティブビューとは**広告の半分以上の面積が1秒以上ユーザーの目にとまっているかどうかを表す数値**です。当然ながら、広告がユーザーに見られていなければ、クリックがされることもありません。**アクティブビュー率を高めることは、広告のクリック率を高めることに繋がります**。

ABテスト

配置を見直す際の判断材料として、アクティブビューを活用してみましょう。アクティブビューを用いて改善を行う場合は、**変更前後での数値を比べて判断**します。そのため、まずは現状の配置でアクティブビューがどの程度あるのかをチェックしましょう。そして、より高いアクティブビューが期待できそうな場所へ広告の配置を変更し、アクティブビューを比較してみます。

基本的な広告ユニットのお勧めの配置は プロの技31 プロの技34 で説明したとおりです。ただしサイトのレイアウトによっては、よりよい位置が変わってくるケースがあります。自分のサイトにあわせたベストのポジションが必ずあるので、アクティブビューを用いたABテストを行い、改善に取り組みましょう。

事例紹介

● PCサイトの例「トゥギャッチ」

こちらはPCサイトでサイトのヘッダーに728×90サイズの広告ユニットを配置していました。これをタイトルの下に配置変更しています。これによってアクティブビューは+23%、クリック率は+80%の改善という結果が出ました。

アクティブビューとCTR（クリック率）の数値には相関があります。そもそも見られないとクリックされることもないので、少しでもユーザーの目にとまる場所に広告ユニットを配置するということが大切です。

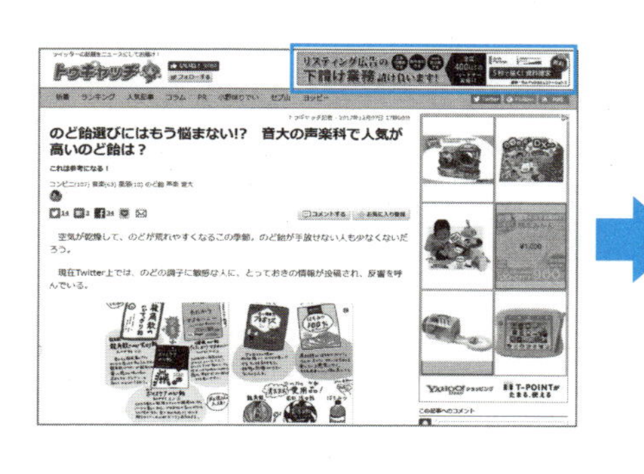

アクティブビュー 23%増加
CTR 80%増加

●スマートフォンサイトの例「ビューティーBOX」

こちらのサイトではヘアスタイルを紹介しており、以前は髪型のスタイルが3つ横並び、これが20行並んでいました。広告ユニットはリストの下部に配置されています。

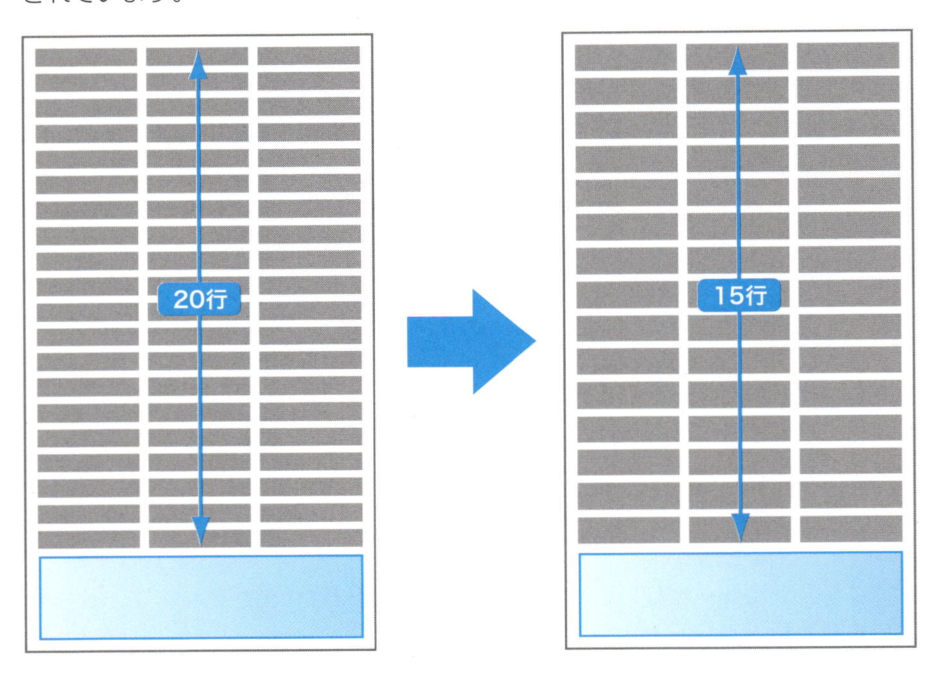

こちらでは1ページに表示される行数を15行に変更しました。これにより、ユーザがリスト下部に配置された広告に到達する回数が増加。結果としてアクティブビューが+20%、クリック率も+7%という改善に繋がりました。

広告ユニットの配置を変更してクリック率を改善するのであれば、**アクティブビューを確認しながら実装箇所を変更していき、結果として数値がどう変わったかを追っていくことは非常に有効**です。

Check!

1. 広告のクリック率は広告の配置を見直すことで改善する
2. アクティブビューを有効に活用し、ABテストを繰り返す
3. アクティブビューの改善はクリック率の改善にも繋がる

プロの技 39 成功者のクリック単価に対する考え方

AdSenseで収益をあげるために気になる数値のひとつが、クリック単価でしょう。気になる気持ちもわかりますが、気にしすぎるのはよくありません。Google在籍時に担当していたAdSenseでの成功者にみるクリック単価に対する考え方をご紹介するので、自分ができることを確実にこなしていきましょう。

Point

- 自分でコントロールでき部分は少ない
- コントロールできる部分は最大限に努力しよう
- 広告主への配慮で長期的なメリットがある

コントロールしづらいので気にしない

AdSenseの収益は「AdSenseの表示回数」「クリック率」「クリック単価」の掛け算になっています。収益をあげようと思えば、この要素のひとつであるクリック単価はとても気になるかもしれません。

サイト運営者みんなが少しでも上げたいと考える指標ですが、クリック単価に最も大きな影響を与える要素は、広告主の出稿状況です。つまり、**サイト運営者側ではコントロールしづらい**といえます。それよりも、自分で改善することができるクリック率やサイトのPVについて、少しでも改善していけるように取り組みましょう。

● サイト運営者ができること

・広告を見られやすいところに配置する
・クリック率や単価が高い広告を配置する
⇒ 収益性を少し変えることができる
・広告主が出稿したくなるような良いメディアを作る
⇒ 長期的に見て大きな収益を生む行動

● Googleがしてくれること

・AdSenseに配信してくれる広告主を集める
⇒ 長期的に見て大きな収益を生む行動

広告主への配慮

AdSenseで収益をあげているサイト運営者は、広告主への配慮も怠りません。広告費用として入ってくる収益はGoogleから支払われますが、その源泉が広告主から入っていることをきちんと理解しています。そのため、広告主に嫌われないようにするということをとても意識しています。

サイトへのAdSenseの実装を例に挙げると、**誤クリックが無駄に発生しない実装、あるいはポリシーに合致しないコンテンツへの広告設置は避けています**。

広告主が広告の出稿時に使用するAdWordsでは、フィルター機能が用意されています。この機能では、ドメインを指定することで特定のサイトへの広告配信を止めることができます。誤クリックばかりで成果の悪いサイトや、ポリシーに違反するサイトとしてフィルターをかけられてしまうと広告主の減少に繋がり、オークションが活性化されなくなってしまいます。その結果としてクリック単価も下がってしまうわけです。

また一度フィルターをかけられてしまうと、よほどのことがないかぎり広告主も二度とそのフィルターを解除することはありません。このような事態を引き起こさないためにも、広告主への配慮はしっかりと意識しましょう。

● AdWords 管理画面の除外設定画面

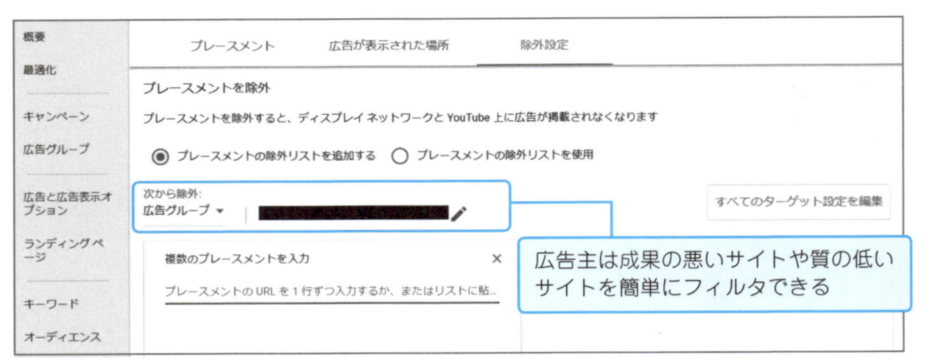

Check!

1. クリック単価は気にしすぎない
2. クリック率やサイトPVなど自分で改善できることに力を入れよう
3. 成果をあげているサイトほど広告主への配慮を忘れない

Chapter - 3

AdSenseの裏側を知って収益を向上させよう

AdSenseでよくわからないことの１つに、ポリシーがあると思います。しかし、いくらわかりにくいといっても広告主保護の観点から、ポリシーを遵守することはサイト運営者の義務です。いくら収益向上策により収益をあげても、ポリシーを知らないとその収益が無駄になってしまいます。AdSenseのポリシーについて理解し、継続的に収益を得られるようにしましょう。

プロの技 40

審査基準や巡回について

AdSenseポリシーにおけるGoogleの審査基準には、どのようなものがあるのでしょうか。また、どのようにサイト運営者のサイトを巡回してポリシー違反を発見しているのでしょうか。収益向上策がオフェンスだとすると、ポリシー対策はディフェンスに該当します。AdSenseのポリシーに関する基準とパトロールの内容について理解し、ポリシー違反の警告を受けないクリーンな運営をするための情報として活用しましょう。

Point

- AdSenseポリシーは広告主のためにある
- Googleのテクノロジーを活用したシステムによりAdSenseサイトは巡回されている
- ポリシーの抜け道を考えるより正攻法の対策をしよう

AdSenseポリシーの審査基準とは

広告主の立場になったときにそのサイトに広告を出したいと思うかどうかという点です。審査基準は、AdSenseヘルプのポリシーに記載があります。

1. コンテンツ
   - アダルトコンテンツ
   - それ以外の不適切なコンテンツ（暴力的なコンテンツ、著作権違反のコンテンツ、コピーコンテンツ、内容が乏しいコンテンツ等）
2. クリックの質
   - 広告の配置等による誤クリック
   - 自己クリック等による無効クリック

https://support.google.com/adsense/answer/48182?hl=ja

いずれも、自分が広告主であったら自社の広告を配信したくないサイトであるはずです。あなたのサイトが上記に合致していないか、改めてチェックしてみましょう。

どのようにサイトを巡回しているか

AdSenseアカウントは日本国内だけで10万近くあるといわれています。グローバルで見ると、これの数十倍になると考えられます。なお、1つのアカウントで複数のサイトを運営していることもあるので、サイト単位で見るとさらに何倍にもなります。

これらの非常に多くのサイトにおいて、ポリシー違反をチェックするには人の目だけでは不可能です。そのため、Googleのテクノロジーを活用したシステムにより効率よく、精度高くチェックをしています。

たとえばGoogle検索のクローラは、適切にSearch Consoleにサイトマップを登録したり他サイトからのリンクがあれば、どんなにPVの少ないサイトでも見つけてインデックスに登録してくれます。AdSenseのポリシーにも同様の仕組みがあります。**自分のサイトはPVも少ないので大丈夫だろうという考えは通用しません**。必ず見つかります。しかもシステムは日々改良されており、以前であれば見つからなかったようなポリシー違反も、高い精度で見つかるように進化しています。

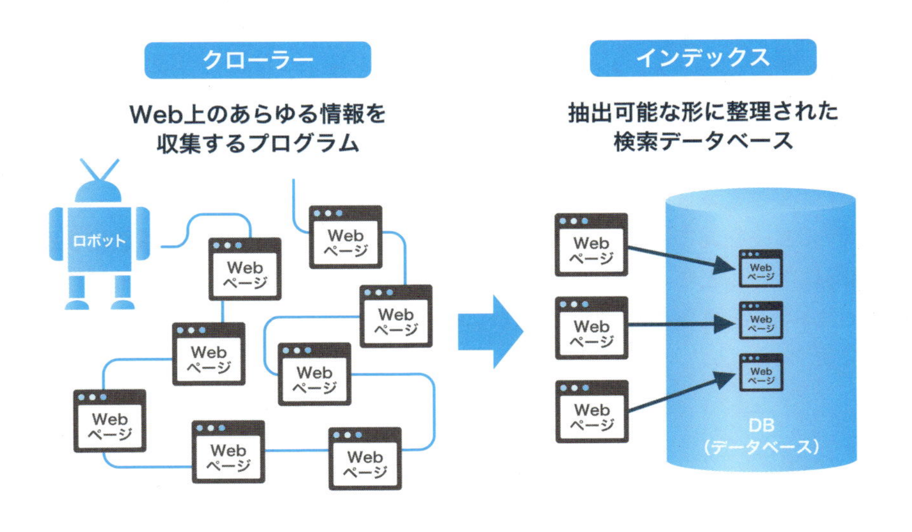

さらには各国に複数名のAdSenseポリシーのスペシャリストがいて、専任の担当者としてツールの改良、運用フローのアップデート、新しいポリシー策定、不要なポリシーの削除など、AdSenseポリシーの運用を日々行っています。

これらの活動はすべて広告主の利益保護のためであり、間接的に収益としてサイト運営者に還元されるものです。

ポリシー違反から逃れるための裏技はあるか

AdSenseポリシーの巡回システムは、AdSenseクローラを使用しています。そのため、「robots.txtでAdSenseクローラをブロックしてしまえば、AdSenseポリシー違反のサイトにAdSense広告タグを貼っていても見つからないのではないか」と思われるかもしれませんが、残念ながら通用しません。

AdSenseクローラをブロックすること自体がポリシー違反であることに加え、**AdSenseクローラがブロックされているとコンテンツに合致した広告が配信されず、収益性が低くなってしまう**ので本末転倒です。

さらに、AdSesneクローラがブロックされていてもポリシー担当者の目でそのサイトがポリシー違反であるかどうかはわかるので、無意味です。

担当者がついてもポリシーは守らないといけない

そもそも**ポリシー違反から逃れるという考えは、一刻も早く捨てるべき**です。AdSenseの営業担当者がつくと、ポリシー面で便宜を図ってもらえるのではないかと考える人もいるかもしれませんが、そのようなことは一切ありません。

本書で何度もお話ししているように、Googleにとってはサイト運営者よりも広告主のほうが優先度は高く、仮にGoogleの担当者が何とか自分の力で便宜を図ったとしても、それは一時的なものにすぎません。

たまに裏技を見つけて隙を突こうとする人もいますが、**ほかの収益化手段では通用したとしてもAdSenseでは通用しません**。そのような考えで長期的に稼いでいる人を見たことがありません。考えるだけ時間の無駄なので、正攻法を貫くことをお勧めします。

Check!

1. AdSenseポリシーは広告主の不利益とならない基準で運営されている
2. Googleのテクノロジーと人的リソースを活用してAdSenseサイトの巡回を行っている
3. ポリシー違反から逃れるための裏技はない

プロの技 41 目視チェックのタイミングと時期

プロの技40 で、Googleのテクノロジーと人的リソースを活用したサイトの巡回をしているとお話ししました。Googleのテクノロジーでは、システム的に自動的に巡回が行われていますが、人的リソースを活用したチェックや目視でのチェックはいつどのように行われているのでしょうか。

Point

- 精度高くポリシーの運用をするため、人の目も介すことがある
- AdSenseポリシー専任のGoogle社員がチェックしている
- 決められた日に目視チェックをしているわけではない

なぜ目視チェックが必要か

なぜ目視チェックが必要かというと、**システムだけでは対応できない処理をカバーするため**です。たとえばGoogle検索であっても、アルゴリズムだけでは対処できない問題に対応するための人員がアサインされています。**アルゴリズムを改良すること、アルゴリズムでは対応できない問題に対処することが業務**となっており、グローバルで数十名規模の正社員がいます。

- システム的に処理されたものが本当にあっているかどうかを確認するため
- システムでリストアップされた案件に優先順位をつけるため
- そもそもシステムでは検知しにくいものを確認するため
- ユーザーから通報があったポリシー違反を確認するため

などなど、システムだけではカバーできない内容を人の目による目視チェックで補い、精度の高い運用を行っているのです。

どのように目視チェックが行われているか

AdSenseポリシー担当者は日々、大量のサイトをチェックしています。その際、単にブラウザでサイトをチェックしているわけではなく、一般には公開されていないシステムを活用しています。そのサイトのどこにAdSense広告タグが実装され、ポリシー違反に合致しているのかを素早くチェックできる体制となっているのです。

なお、システム的にポリシー違反のフラグが立ったものをチェックしていきますが、**収益の多いサイト、PVの多いサイトが優先順位高くチェックされています**。広告主から多くの収益を得ており、広告主に対しての責任が大きいといえるからです。同様にPVの多いサイトは、多くのユーザーの目に留まる機会があることから責任が大きいと考えられます。

目視チェックのタイミングと都市伝説

2018年1月現在、AdSenseの支払サイトは**月末締めの翌月20日頃の支払い**です。たとえば、3月分の収益は3月31日までのものが4月20日頃に支払われるという形です。

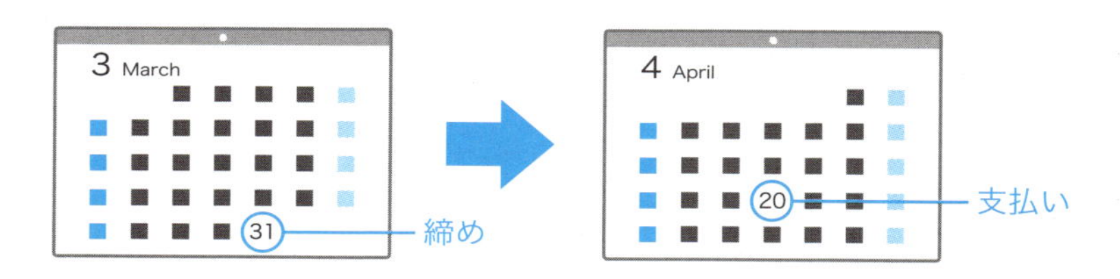

たまに聞くことがあるのは、支払直前にGoogleが目視チェックをして、AdSenseアカウントを閉鎖に追い込むという話です。それは都市伝説のようにさまざまなところで言われているのですが、決してそのようなことはありません。

仮に支払直前に目視チェックをして、AdSenseアカウントを閉鎖にしたとしてもGoogleは得をしません。なぜなら、**閉鎖になったAdSenseアカウントに対して支払われる予定であった収益は、Googleを通じてすべて広告主に返金される**からです。

これは、たまたま支払い日直前にAdSenseアカウントが閉鎖になってしまった人が複数いたため、それが広まってしまったと考えられます。残念ですが自業自得なので、本書をお読みのあなたはアカウント閉鎖にならないような運用を心掛けていただきたいと思います。

Check!

1 システムではカバーできないことを目視チェックで対応する
2 システム的にフラグが立ったものなどを目視チェックする
3 目視チェックに決まったタイミングはない

プロの技 42

一発でアカウント閉鎖になる条件

せっかくAdSenseアカウントを開設したにもかかわらず、残念ながらアカウント閉鎖になってしまうサイトがあとを絶ちません。しかも、事前の警告もなしに一発でアカウントが閉鎖になってしまうサイトがあります。この項をよく確認し、一発でアカウント閉鎖になるようなことは避けてください。

Point

- 警告を経ずの一発アカウント閉鎖は、改善の見込みがないと判断されたということ
- どんなに小さなサイトであっても広告主への責任がある
- 重大なポリシー違反を理解し、一発で閉鎖になることだけは避けよう

一発閉鎖は相当重い対応

AdSenseのポリシー違反があると通常、AdSenseアカウントのログインIDであるメールアドレス宛に警告メールが送信されます。同様の内容がAdSense管理画面にもメッセージとして届きます。

警告に書かれている内容は、「**違反の内容**」、「**違反が発生しているURL**」、「**3営業日以内に改善されなかった場合に起こること（URL、ディレクトリ、サブドメイン、ドメインレベルでの広告配信停止）**」となります。

● AdSense 管理画面のポリシー違反警告メッセージ

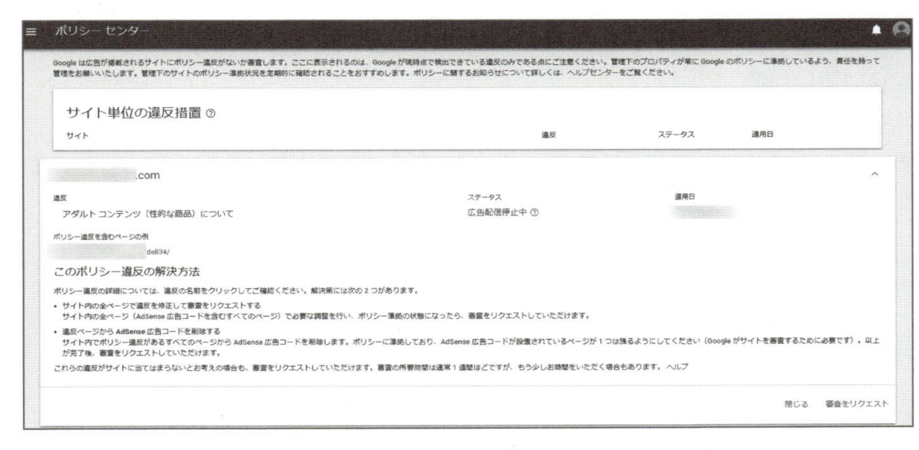

警告を受け取ったあとサイト運営者が改善し、その改善をAdSenseポリシー担当者が確認すれば、何も起こりません。警告の期間中も広告は配信されますし、警告がクリアになれば引き続き広告は配信されます。ただし、警告があったということの履歴は残ります。

仮に警告を受け取ったあと、サイト運営者が行った改善がGoogleの基準に合致しなかった場合、あらかじめ警告内に記載のあった範囲で広告配信が停止されます。この段階ではAdSenseアカウント自体は有効であり、問題が解決すれば、広告配信の再開も可能です。

このように、**Googleでは違反の程度にあわせた対応を行っており、少しの違反があっただけでは一発閉鎖にはせず、サイト運営者に多くのチャンスを与えています**。

この状況を考えると、**AdSenseアカウントが一発閉鎖になるということは、相当に重い処置**がなされたといえます。Googleの広告主にとって価値が著しく低く、ポリシー違反を改善する余地がないと判断されてしまったということです。たとえば、サイトのテーマ自体がAdSenseのポリシー違反であったり、大部分のページがポリシー違反コンテンツであるような場合が該当します。

一発閉鎖にならないために

❶ 広告主から広告費をいただいているという認識を持つ

あなたのサイトに掲載されている広告は、Googleが獲得した広告主の広告です。AdSenseの場合、広告タグを実装すると自動的に広告が配信されるため、広告主を獲得するという意識が薄れがちですが、その裏側では多くの労力がかかっていることを忘れてはいけません。**広告主とGoogleに対して、広告媒体としての責任感を持つ**ことが大切です。

❷ AdSenseポリシーをよく理解する

AdSenseポリシーとほかの収益化手段のポリシーとは、厳しさが大きく異なります。甘く見てはいけません。AdSenseポリシーが何のために存在するかを理解し、どのようなポリシー違反があるかを理解しましょう。「**ポリシー違反の項目＝広告主が嫌がること**」です。ポリシーを見ていなかった、知らなかったでは通用しません。

❸ 一発閉鎖になるようなサイトにAdSense広告タグを実装しない

AdSenseアカウントには、複数のサイトを紐づけることができます。サイトを３つ保有していたとして、そのうちの１つが原因でAdSenseアカウントが停止になってしまうことがあります。**１つのサイトがアカウント全体に影響を与えてしまうことがある**ので、注意しましょう。

また当然ですが、**自己クリックは厳禁**です。広告主は厳密なコスト計算の元に日々、広告出稿の運用をしています。広告主の成果とならない自己クリックが行われることはGoogleとして容認できないので、一発閉鎖の対象となります。

なお筆者の経験上、**一発閉鎖になる原因の多くは自己クリックによるもの**です。自己クリックはサイト運営者の広告主に対する姿勢次第で防ぐことができるものなので、悪質な行為であるとGoogleに判断されてしまいます。これが原因でアカウント閉鎖になった場合、基本的には**二度とAdSenseを利用することはできません**。

以下が、一発アカウント閉鎖になってしまう主な条件です。

- 児童ポルノ関連
- 自己クリック関連
- サイトすべてがポリシーに違反しているサイト
- サイトの大部分がポリシーに違反しているサイト

Check!

1. 一発閉鎖は相当重い対応、通常は何度もチャンスが与えられる
2. 一発閉鎖にならないために細心の注意を払う
3. 一発閉鎖になってしまったら基本的に二度と復活できない

プロの技 43

アカウント閉鎖になった具体的な手法やサイト内容

Googleの広告主にとってふさわしくない配信先というのが、アカウント閉鎖となる要件です。具体的にどのような内容のサイトがアカウント閉鎖となってしまうのでしょうか。本項にて具体的な例を確認し、ここに書かれていることはくれぐれもしないよう、気をつけましょう。

Point

- 同じ違反を繰り返すことでアカウントが閉鎖になることがある
- 広告主は質の低い広告表示、クリックを嫌う
- アダルト、著作権違反がアカウント閉鎖の理由として多い

アカウント閉鎖に至るステップ

Adsenseのアカウント閉鎖処置は大きく2つに分類できます。「**一発閉鎖**」と「**複数回警告を受けたあとにアカウント閉鎖**」となるケースです。

前者は改善の見込みがないと判断されたため、事前の警告なしに一発で閉鎖になってしまったケース。後者は改善の見込みがあったにもかかわらず、繰り返し同じ違反をしてしまったことでアカウント閉鎖に至ったケースです。

一発閉鎖であっても複数回警告を受けたあとの閉鎖であっても、閉鎖となる具体的な手法とサイト内容は、「**クリックの質に関すること**」と「**サイトコンテンツに関すること**」の2つに分けることができます。

広告主にとって質の低い広告表示・質の低いクリックとは

広告主、Googleはトラフィックの質を重要視しています。

●質の低い広告表示とは

ユーザーの意図とは関係なく自動的に広告がロードされたり、AdSenseの広告タグは呼び出されているものの画面上ユーザーからは見えていないといったものが挙げられます。これらはAdSenseポリシーで禁止されています。

●質の低いクリックとは

サイト運営者自らがクリックしてしまう自己クリック、広告の配置が紛らわしいことで発生する誤クリック、外部リンクがほとんどなく広告をクリックするように仕向けたテンプレートサイトなどが該当します。

1 質の低いトラフィックの例

●クリックしていないのに広告をクリックしたことになる

あるページに移動すると勝手にAdSense広告をクリックしたことになるようにリダイレクトしているパターンです。ユーザーからすると見たくない広告主ページに移動してしまいます。

またそのような行為をサイト運営者がしたものと思わず、広告主がしているものと勘違いする可能性もあり、広告主のブランドイメージを傷つけることにもなりかねません。加えて広告主側は無駄なクリックで広告費がかかってしまいます。

●知らないうちに広告が表示されている

CSSなどで意図的に広告を表示させないようにしても、AdSenseの計測上は表示されたことになっています。ユーザーは何ら変わりなくサイトを閲覧できますが、CPM課金の広告主にとっては実際に広告が表示されていないのに表示されたことになり課金されてしまいます。

●自己クリック

何度も説明しているように、収益を上げたいがために自分で広告をクリックする行為です。広告主にとって意味のないクリック課金になってしまいます。

●クリック代行サービス

AdSenseのアルゴリズムをすり抜けるように「クリックのIP分散」「不規則な間隔を空けてクリック」などを行うサービスを指します。こちらも広告主にとって意味のないクリックです。

●コンテンツとの誤認

記事の続きを読みたい、もっと詳しく読みたいと思ってクリックすると、AdSense広告であるパターンです。ユーザーは商品に興味を持ってクリックしているわけではないので、商品購入に繋がりません。

2 一発閉鎖になるサイト内容

●アダルト的なコンテンツ

アダルトビデオや漫画の紹介などを行うサイトにAdSenseを張りつけると、一発でアカウント閉鎖になります。またAdSenseの場合、水着を着た女性、実描写ではない性的なイラスト、豊胸手術のビフォーアフター画像などもポリシー違反になります。

これらのように改善の余地がある場合は警告ですむこともあります。一方でアダルトサイトではなくても、サイト全体がグラビア雑誌のようなコンテンツだと、改善の余地がないという理由で一発アカウント閉鎖になる可能性が高いです。

> 例 アダルトサイト、有料アダルトサイトへ誘導するためのアフィリエイトサイト、AVのレビューサイト、グラビアアイドルのファンサイトなど

●グロ画像コンテンツ

テロ行為があった現場の写真、死体が掲載されている写真、その他手術途中の描写など、一般人が見て気分が悪くなるようなコンテンツにAdSenseを張りつけている場合、一発アカウント閉鎖の可能性があります。

> 例 自殺を助長するような掲示板、グロ画像を集めた画像サイトなど

●児童ポルノコンテンツ

アダルトコンテンツの中でも、児童ポルノコンテンツは少しでも入っていると一発アカウント閉鎖となります。プロの技04 でもご紹介したように、実際に児童ポルノではないものであっても、Google側が児童ポルノと判断した場合は、一発アカウント閉鎖の原因になります。こちらも児童の性的な描写ではなくても、水着を着用したグラビアやイラストでも同じなので、注意が必要です。

例 着エロ動画を紹介するサイト、着エロサイトのレビューサイト、アダルトな内容を含む同人誌の紹介サイト

●著作権違反コンテンツ

HuluやNetflixなどのサービス動画配信サイトもアフィリエイトすることができるので、ドラマやアニメのレビューをして、これらのサービスに誘導するアフィリエイトサイトが多くなっています。一切動画や画像を使わずに紹介しているぶんには問題ありませんが、動画や画像を使ってレビューする場合にはAdSenseを貼るのはやめましょう。

例 YouTubeを引用してのドラマやアニメのレビューサイトなど

●法律違反や重度に公序良俗に違反するようなコンテンツ

麻薬の売買、テロを促すようなコンテンツ、殺人を助長するようなコンテンツもアカウント閉鎖になります。

そもそもAdSenseで収益化するためにそのようなサイトを作るとは思えませんが、ほかのサイトの掲示板(2chなど)が自分のサイトなどに反映されるような仕組みを作っている場合は注意が必要です。

例 麻薬や違法ドラックの購入場所を教えるサイト、テロ行為を促すような情報交換掲示板など

●修正の余地がないポリシー違反

その他これらにかぎらず、ポリシー違反であるコンテンツがほとんどの場合(ポリシーに準拠して修正をするとサイト自体が機能しなくなってしまう場合など)は、改善の余地がないと判断され一発アカウント閉鎖の原因になります。

このような観点から、美容・健康のサイトを運営していて、性病に関する文章やバストアップのためのバストアップマッサージ方法などの動画が一部分だけあるなどの場合は、一発アカウント閉鎖ではなく警告ですみます。

Check!

1 一発閉鎖でなければ十分にチャンスあり
2 クリックの質が重要
3 特にアダルトの基準に注意

プロの技 44

AdSense以外のアフィリエイトリンクの貼りつけについて

運営するサイトを収益化する手段には、AdSense以外にアフィリエイトもあります。より収益性を高めるためには、両方を有効に活用していきたいところです。ではアフィリエイトリンクを設置する際、AdSenseのポリシーの観点から気をつけるべきことは何でしょうか。

Point

- 1つのサイトでAdSenseとアフィリエイトから収益を得ることは可能
- AdSenseに対してクリックを誘導しないよう注意
- 他社のバナー広告であってもコンテンツの一部と判断される

アフィリエイトリンクを貼りつけること自体はOK

AdSenseとアフィリエイトを同時に行うこと自体には問題はなく、**同じページ内にAdSenseとアフィリエイトのバナーが共存していてもOK**です。ただしAdSenseとアフィリエイトでは特徴が異なるため、同時に取り組む場合にはいくつか注意点があります。場合によってはAdSenseのポリシー違反に繋がってしまうケースもあるので、きちんと理解しておきましょう。

● AdSenseとアフィリエイトの特徴の違い

	アフィリエイト	AdSense
サイト運営者にとって収益となるタイミング	商品の購入（ASPによる承認）	広告のクリック
広告主の出稿方法	主にCPA課金	主にCPC課金
広告への積極的な誘導	バナーやアフィリエイトリンクのクリックを促す行為はOK	クリックを促すような行為はNG
配信する広告	自分で決めることができる	自動で決まる
広告主が気にすること	・購入者の質 ・無効な購入ではないかなど	・コンバージョン数（上げたい） クリック数×コンバージョン率 ・CPA（下げたい） コスト÷コンバージョン数

特にアフィリエイターの特性上、クリックの質に対する認識が甘くなりがちです。広告主の立場に立ったAdSenseの実装を身につけましょう。

AdSenseとアフィリエイトの共存を考えるときに意識したいのは、**収益性の**

低いほうが、収益性の高いほうを阻害しないようにすることです。サイトで取り扱うコンテンツのジャンルによってはAdSense以上にアフィリエイトのほうが相性がいい場合もあることを理解し、上手に収益性を高めていきましょう。

クリック誘導に注意

AdSenseとアフィリエイトの大きな違いは、**収益の発生するタイミング**です。そして、この違いから注意しておきたいポイントが「**クリック誘導**」です。

アクションがあってはじめて広告費用が発生するアフィリエイトの成果報酬型とは異なり、AdSenseはクリック課金型の広告です。**広告がクリックされた時点でサイト運営者側に収益が発生し、同時に広告主側にも同じタイミングで広告費用が発生しています**。広告主の立場からすれば、クリックされるだけで広告費用を払わなければならないということであり、その先のアクションに繋がらない無駄なクリックはなるべく避けたいものです。

「広告をクリックしてください」のような文言が書かれている場合、果たしてそれがどの広告のことを示しているのか、サイトを訪問するユーザーがサイト運営者の意図を100%読み取ってくれるとはかぎりません。

AdSenseとアフィリエイトを同じ感覚でそのまま同じコンテンツ内で併用すると、AdSenseのポリシー違反となってしまうことがあります。意図せず入ってしまった文言であっても、Googleにとっては関係ありません。**クリックの誘導と受け取られるような文言はAdSenseを設置しているページ内には入れない**よう、気をつけなければなりません。

● **クリック誘導と取られかねない例**

3 AdSenseの裏側を知って収益を向上させよう

またアフィリエイトのリンクにアダルト関連商品など、AdSenseのポリシーに違反するような内容が表示されると、Googleではこれをコンテンツの一部と捉えます。もちろんポリシー違反として取り締まり対象になってしまうため、AdSenseを設置しているページにアフィリエイト広告も設置する場合は、その内容にも気を配るべきです。

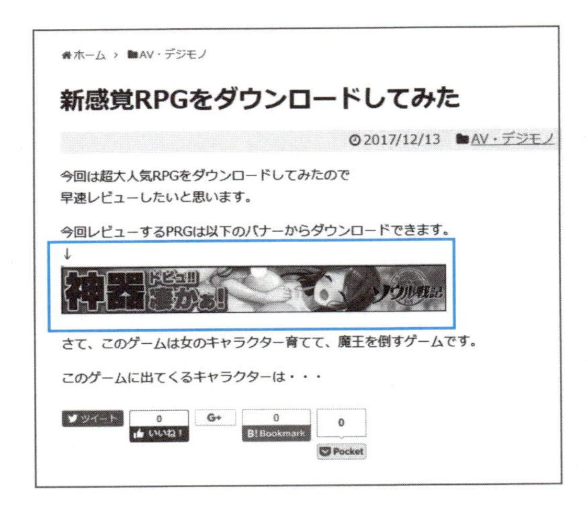

ECサイトと広告を共存させて成果を出している例も

ECサイトを運営している場合、一般的にはほかのサイトへ繋がっている広告をクリックされるよりも、自サイトで商品購入などのアクションを起こしてもらうほうが収益は高くなります。

しかし、大手カタログ通販サイト「ディノス」のECサイトでは、サイトフッターエリアにAdSense広告を配置しています。ディノスがAdSenseを導入した経緯は、**サイト収益化の多角化を図るため**と**サイトから離脱するユーザーのトラフィックを収益化するため**です。

AdSense導入前はアフィリエイトを利用して収益化していましたが、AdSense導入後の収益はアフィリエイトと比べても圧倒的に高いということが分かりました。

確かにECサイトに来てもらったユーザーには自社サイトの商品を購入してもらうのが一番ですが、そもそもECサイトに来ているユーザーは何らかの商品を探して訪問していることが多いです。これらのユーザーにとって自社のECサイト内に気に入った商品がなくても、AdSense広告で気になる商品が広告で表示されていればクリックしてくれる可能性が高くなります。

何も買わずにサイトから離脱されるよりも、他社商品での広告であってもAdSenseをクリックして離脱されたほうが収益に繋がります。

比較するときは同じ指標を用いる

AdSenseとアフィリエイトを共存させる場合、どちらの広告を優先してより見えやすい場所に配置するかは悩ましいところです。収益の最大化を図るのであれば**それぞれの収益性を同じ指標で捉え、比べることが大切**です。

AdSenseの場合はクリック単価やクリック率が収益化に関する数値として活用できますが、アフィリエイトはクリックだけでは収益になりません。クリックからアクションに至った率、すなわち**「コンバージョン」がどの程度の率あり、結果としていくらの収益に繋がったか**がメインの指標になってきます。

● **コンバージョン率の求め方**

$$\frac{\text{購入数}}{\text{広告のクリック数}} \times 100$$

しかしこれではAdSenseとアフィリエイトで別の指標となってしまい、比べることができません。そこで、両方とも同じ指標に直して見てみます。

1 CPMで比べる

適している指標のひとつが、**CPM(広告が1,000回表示された場合の収益性)**です。

● **CPMの求め方**

$$\frac{\text{収益} \times \text{広告の表示回数}}{1{,}000}$$

AdSenseでは管理画面のレポートで確認できます。アフィリエイトでも管理画面などからリンクの表示回数と収益は確認できるので、算出してみましょう。

2 クリック単価で比べる

もうひとつの方法として、クリック単価を計算するのもありでしょう。

● **クリック単価の求め方**

$$\text{収益} \div \text{クリック回数}$$

AdSenseでは管理画面のレポートで確認ができ、アフィリエイトもリンクのクリック数と収益はわかります。

● AdSense 管理画面のレポート

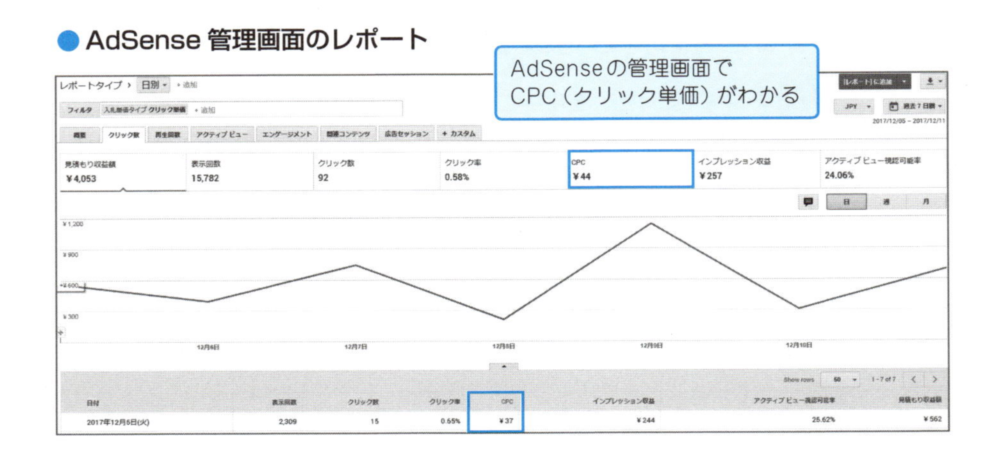

● ASP の管理画面のレポート

アフィリエイトの場合もASPの管理画面で1クリックあたりの金額を計算できる

Click 数	Click 報酬	CTR	発生 数	発生 報酬	CVR
1,599	¥0	100%	76	¥240,938	4.75%
3,285	¥0	100%	340	¥1,093,512	10.35%
177	¥0	100%	22	¥71,045	12.43%
5,061	¥0	100%	438	¥1,405,495	8.65%

指標を揃えてそれぞれの広告による収益性を確認したら、クリック単価や収益性の高いものをコンテンツの上のほうに配置するように意識してみましょう。基本的には広告はコンテンツの上部にあるほど見られる回数、そしてクリックされる回数も多くなります。

比較した結果としてアフィリエイトのほうが収益性が高いのであれば、アフィリエイトリンクをコンテンツのより上のほうに置きます。場合によってはAdSenseだけ、あるいはアフィリエイトだけに一本化します。こういった思い切りも収益の最大化には有効な方法となり得るのです。

アフィリエイトはクリック単価がわかる場合もある

ASPを利用してアフィリエイトを行う場合、あらかじめその商品やサービスのクリック単価がわかる場合もあります。

アフィリエイトでは「発生報酬÷クリック回数」で算出するクリック単価のことを「**EPC(EARNING PER CLICK)**」と呼びます。

● ASP管理画面

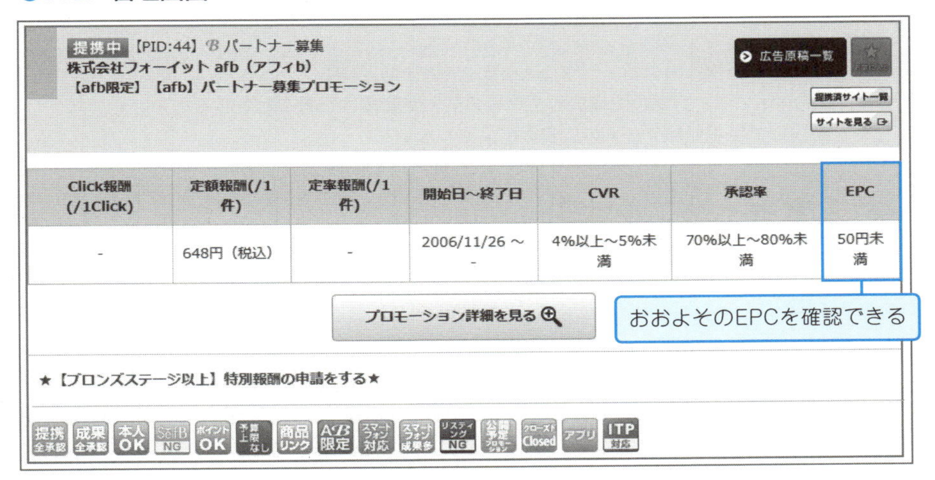

もしお使いのASPの管理画面からあらかじめEPCがわかったり、ASP担当者からEPCを聞くことができるのであれば、コンテンツを制作する際に最初からASPを使ったアフィリエイトにするのか、AdSenseを利用して収益化するのかを決めることができます。

もちろん、同じくらいであればアフィリエイトとAdSenseの併用もいいでしょう。

Check!

1. AdSenseとアフィリエイトが共存して収益を高められるのが理想
2. AdSenseではクリック誘導はポリシー違反。勘違いを生む記述は避ける。たとえアフィリエイトバナーだけに向けたものでもダメ
3. 収益性を比較する際は同じ指標を用いる

プロの技 45

ギャンブル系サイトのアドセンス

AdSenseを利用できるかどうかグレーな印象が強いのが、ギャンブル系のコンテンツを取り扱うサイトです。実は要点を押さえれば利用は可能で、また最近では少しずつ関連する広告も配信されるようになってきました。ポリシー違反を避けるためにも何がOKで何がNGとなるのか、きちんと理解しておきましょう。

Point

- 違法なギャンブルのコンテンツはAdSenseの使用はNG
- AdSenseにギャンブル関連広告主からの広告が配信されることもある
- 初期設定ではギャンブル系の広告は配信されない

公営ギャンブルはOK

AdSenseが利用できるのか判断に迷うジャンルとして、ギャンブル系のコンテンツが挙げられます。ひとくちにギャンブルといってもさまざまなものがありますが、AdSenseの場合は国によっても基準が異なります。

端的にいえば、**その国で合法なものであれば問題ありません**。

● 日本での基準

AdSesne 利用が OK なギャンブル
- 競馬、競輪、競艇（公営ギャンブル）
- パチンコ、パチスロ系

AdSesne利用がNGなギャンブル
- カジノ（オンラインカジノ含む）

ただし、カジノは合法としている国であれば、そのコンテンツ内にAdSenseを利用することも問題はありません。

数年前からAdWordsでも許可された

以前はパチンコ関連のテーマを取り扱うコンテンツに対してAdSenseを設置しても、ギャンブル関連の広告が表示されることはありませんでした。ギャンブル関連の広告主がAdWordsで広告出稿しても、配信先として選べるのは検索ネットワーク（Google検索ならびにポータルサイトなどの検索結果）のみで、GDN(AdSenseを実装しているサイト)には配信できなかったのです。

ところが2011年頃より、GDNのほうにも公営ギャンブルの広告を出稿することが可能になりました。そのためまだ数はかぎられるものの、以前に比べればギャンブル関連の広告も増えてはきています。

ひとつ注意すべき点として、**AdSenseのデフォルト設定ではギャンブル系の広告は表示されないようになっています**。このジャンルの広告を表示させるためには、自ら配信を許可する設定変更を行う必要があります。

● ギャンブル系広告の表示設定方法

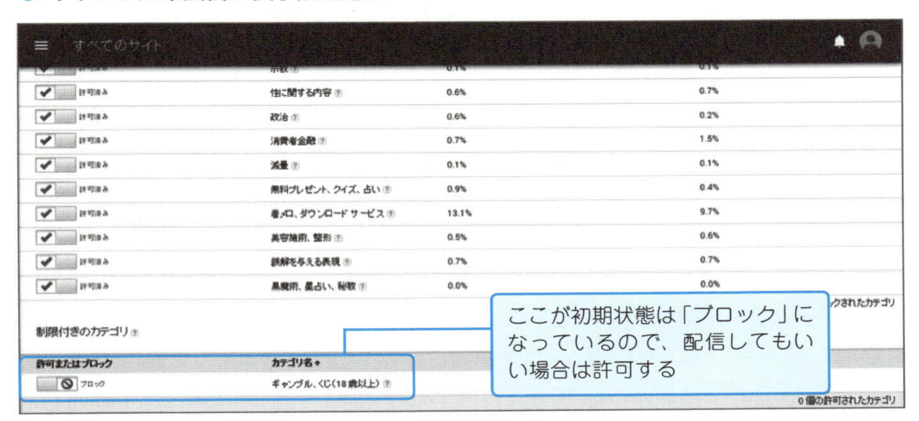

ほかのアドネットワークとの併用には注意

プロの技44 でも紹介したように、AdSense以外のアフィリエイトリンクやアドネットワークを利用する場合は注意が必要です。

AdSense以外のアドネットワークを利用する場合、AdSenseの規約ではアダルトと認定される広告が表示される可能性が高いです。特にギャンブル系サイトの場合はターゲットが男性になることが多く、アダルト関連の広告が表示されることが多々あります。

もちろんそれ自体は違法ではありませんが、AdSenseのポリシー上、ほかのアドネットワークの広告であってもアダルトコンテンツとみなされるので注意が必要です。

法律によってAdSenseもNGになる場合もある

現在はパチンコやパチスロは日本でもグレーゾーンではあるものの、認められているギャンブルです。ただし今後は法改正により、パチンコやパチスロが法的に違法となる場合もあります。

パチンコやパチスロ関連のサイトを運営していて、法改正などの動きがあった場合、AdSenseのポリシーも変わっていないか確認するようにしましょう。

ギャンブル系は収益率が高い可能性がある

AdSenseを利用して収益をあげているアフィリエイターさんの相談を受けたとき、そのサイトはパチンコに関するギャンブルサイトでした。相談内容は、「AdSenseで収益化しているが、パチンコのサイトでもOKかどうか」という相談でした。ここでも紹介しているように、パチンコ関連は認められているのでOKなのですが、その収益性を見たときに驚いた記憶があります。

アクセス数は10万PVほどでしたが、AdSense収益だけで40万円近くの報酬があがっていました。ジャンルにもよりますが、一般的なサイトであれば10万PVで3万～10万円くらいのAdSense収益が相場です。

ギャンブル系サイトの収益性の高さは、ギャンブルビジネスの顧客単価の高さが要因だと考えられます。加えてギャンブルは依存性が高いので、魅力的な「広告」である場合が多く、クリック率も高い傾向にあります。

もしパチンコや競馬、サッカーくじ、宝くじなどに興味がある人はこのようなジャンルで収益化することにチャレンジしてもいいかもしれません。

Check!

1. 各国で合法とされているギャンブル系のコンテンツであればAdSenseは利用できる
2. 他の国で合法でも日本で違法であればAdSenseは利用できない
3. AdSenseへ配信されるギャンブル系の広告も少しだが増えつつはある

プロの技 46

性の表現でアカウント停止にならない施策

AdSenseのポリシー違反として最も該当件数の多いものが、アダルトです。明らかにアダルトと分類される内容はもちろんですが、AdSenseでは医療系などまじめな内容であっても、アダルトと判定し取り締まりの対象としています。具体的にどういった内容がアダルトに抵触するのかを理解し、ポリシーへの抵触を避けましょう。

Point

- Googleが定義するアダルトの範囲は広い
- サイト内にアダルトとされるコンテンツがあること自体は問題ない
- 付録のキーワードリストを参考にポリシー対策を行おう

医療であってもアダルトと判定される

繰り返しますが、AdSenseのポリシー違反において最も該当ケースが多いのがアダルト関連です。ポリシー違反として取り締まりを受けた内容の半数以上が該当している状況です。「アダルト」というジャンルの基準は人それぞれでしょうが、AdSenseでのアダルトの定義はかなり広範囲に渡っています。

医療行為なのにアダルト判定されてしまう例

- 豊胸
- 包茎手術
- 不妊治療
- ED関連
- 性病（梅毒、淋病、クラミジア感染症、性器カンジダ症、性器ヘルペスなど）

医療系の情報を取り扱う検索サイトなど、本当に真面目な内容で構成されるサイトであったとしても、豊胸など上記の内容を取り扱っている病院のレビューなどが載っているコンテンツには、AdSenseを設置することができません。

この判断基準には疑問を持つこともあるかもしれませんが、「AdSenseという世界」においてその基準を定めるのはあくまでGoogleです。Googleが基準として決めている以上、その内容に従うしかありません。

キーワードフィルタをしよう

医療行為であっても、アダルトとして分類され取り締まりの対象となってしまうケースは、きちんと理解し意識的に避けるようにしたいところです。

ただしここでひとつ問題なのは、**具体的にどのような内容、あるいはキーワードがアダルトに分類されるのかをGoogleが公開していない**ということです。

そこで今回本書では付録として、過去にGoogleがアダルトに該当すると判断して取り締まった実績のあるキーワードのリストがダウンロードできるようになっています（2頁参照）。ここに書かれている内容をフィルタとして活用し、ポリシー違反を避けるよう心がけてください。

なお、このリストはあくまで筆者が個人でまとめたものです。Googleが公式に提供している内容ではないため、このリストだけを順守すれば100%ポリシー違反が避けられるという保証はありません。

医療系のキーワードについてはアダルトと分類されるであろうと思われ、かつ実際にポリシー違反を受けた実績のあるワードを集めて作成しています。

ほかの広告を出す

Googleとしては、あくまで**AdSenseポリシーに合致しないコンテンツにAdSenseを利用することをNGとしているだけ**です。そのコンテンツの内容自体を否定しているわけではありません。

ポリシーに違反するコンテンツが、サイトの中に部分的に存在すること自体は問題ないので、そのコンテンツに対してAdSenseを貼りつけなければいいだけです。その場合、AdSenseではないほかの広告を出すようにしましょう。

ただし、大部分のページがポリシー違反のサイトであり、その中の数少ないポリシー違反でないページにAdSenseを貼りつけた場合、ポリシー違反になる可能性があります（サイト自体がポリシー違反という判断）。

Check!

1. 医療系の真面目なコンテンツでもアダルトと判断されることがある
2. キーワードリストを活用してポリシー違反を避けよう
3. ポリシーに合致しないコンテンツにはAdSenseでなく、ほかの広告を配置しよう

プロの技 47

まとめ系サイトとAdSense

匿名掲示板の2chをまとめたサイトや、ほかのサイトで配信されている情報をコンテンツとして利用するキュレーションサイトがまだ多くのPVを稼いでいます。こういったサイトがポリシー違反と判断されるケースはあるのでしょうか。Googleが大切にしている「独自性」という価値観を意識しながら考えてみましょう。

Point

- コピーコンテンツをAdSenseで収益化することはできない
- 7～8割はオリジナルコンテンツで占めよう
- コンテンツの質が低いサイトはトラフィックの質も低い

コピーコンテンツは独自性がないと判断される

2chまとめやキュレーションサイトは、ほかのサイトのコンテンツを利用しているという点でポリシー違反ではないのか？　という疑問が出てくるかもしれません。判断はとても際どいところですが、単純に「まとめサイトやキュレーションサイト＝AdSenseポリシー違反」ということではありません。これらのサイトがポリシーに違反するのかを判断する主な基準は、**コピーコンテンツであるかどうか**です。

ほかのサイトの内容を、引用の範囲を超えて使ってしまうとコピーと見なされ、ポリシー違反として扱われてしまいます。ただ、このコピーコンテンツかそうでないかの判断は、「コンテンツ全体に対して何割がコピーであればNG」というような明確な基準はありません。ただ常識の範囲で考えて、少なくとも半分以上がほかのサイトのコンテンツで形成されていれば、独自コンテンツではないと判断できるでしょう。

掲示板のまとめサイトやキュレーションサイトについては、**そのサイトならでは独自コンテンツがきちんと含まれているかがポイント**といえます。できれば7～8割くらいが独自コンテンツで成り立っているのが望ましいでしょう。

コピーコンテンツはユーザーの質が悪い

コピーコンテンツに関するポリシーは、なぜ設けられているのでしょうか。これはGoogleという企業が独自性をとても大切にしているからです。

1 コンテンツの質が低いサイト

一般的に独自性がないサイトでは、そのサイトを形成する各コンテンツの質も低い傾向が見られます。質が低いコンテンツはそのサイトを訪れるユーザーにとっても役に立つ可能性が低く、当然ながらAdSenseに広告を出稿する広告主も、そわざわざ自社の広告を出したいとは考えないからです。

2 トラフィックの質が低いサイト

特に掲示板のまとめサイトでは、トラフィックの大部分が検索エンジンからではなく、まとめサイト同士で貼り巡らされたリンクによって成り立っているケースも見られます。相互にリンクを貼り、その網の中でユーザーをぐるぐると回しているイメージです。また中には「コンテンツだと思ってクリックしたら、ほかのサイトに飛んだ」というような騙しリンクが設けられているケースもあり、トラフィックの質が低いという傾向はより顕著といえます。

● まとめサイト例

このようにコンテンツやトラフィックの質といった点から考えても、独自性というポイントがいかに大切であるかがわかるはずです。

Check!

1. 引用の範囲を超えたコピーコンテンツもポリシー違反となる
2. コンテンツの質が低いサイトはユーザーにも広告主にも好かれない
3. 広告主はトラフィックの質が低いサイトに広告を出稿したいと思わない

プロの技 48

伏せ字について

非常に広範囲に渡る厳しい内容となっているAdSenseのポリシー。その違反を避けるため、特定のワードを部分的に伏せ字にしているケースも見られます。こういったことに効果はあるのでしょうか。Googleがどのような方法でコンテンツのチェックを行っているのかを理解しておきましょう。

Point

- 特定のキーワードをぼかすような小手先の手法は通用しない
- 文字だけだけでなく画像も認識している
- 前後の文脈からも内容を認識している

伏せ字をしても意味がない

AdSenseのポリシーは、かなり多岐に渡る厳しいものとなっています。中でも特にアダルトに関するポリシーは厳しく、この点に関してはおそらく、世界中にさまざまあるアドネットワークの中でも最も厳しいポリシーの元に運用されているといえるでしょう。

このポリシーに違反することを避けるため、まれに「セッ○ス」のように、**特定のキーワードを部分的に伏せ字にしているコンテンツを見かけることがありますが、はっきりいって無意味**です。Googleでは単純にキーワード単体でチェックをしているわけではありません。キーワードはもちろん、その前後の文脈を確認し、判断を行っています。そのため、たとえ伏せ字にしたとしても、そこで書かれている文脈がアダルトなコンテンツであればポリシー違反として取り締まりの対象となります。

● 伏せ字をしても……

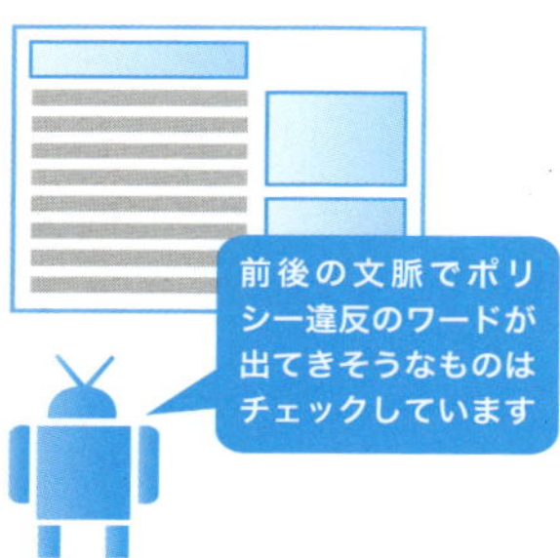

● 画像だけでアダルトコンテンツを作っても……

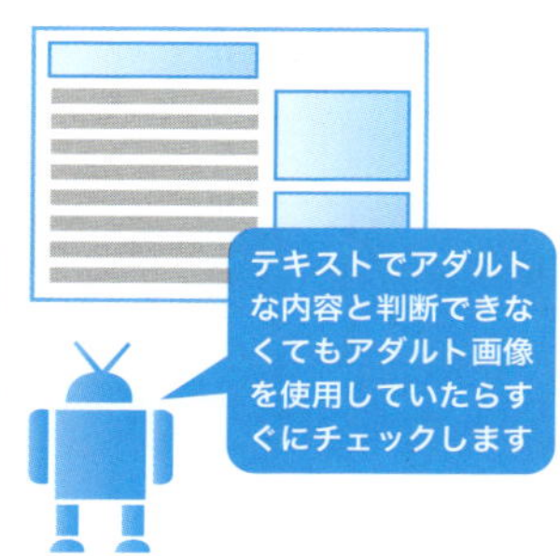

● アダルトな単語を入れていなくても……

逃れられるわけではない

Googleのポリシーチームがポリシー違反を特定するために用いるツールの中には、特定の画像やキーワードに反応させて検出できるものもあります。AdSenseを利用しているサイト内をクローリングし、特定のキーワード、あるいは画像に合致するものがないかを検出することができるのです。

ピンポイントに文字を伏せることでこういった検出から逃れることができるのでは？　と思うかもしれませんが、そんなに甘いものではありません。たとえばアダルトや他ポリシー違反となる文脈の中で、隠語や別の言い回しを使ってぼかしていたとしてもNGです。（炉→ロリータ（小児愛）、無臭→無修正など）

繰り返しますが、伏せ字にしたところでポリシー違反からは決して逃れることができません。この点をきちんと理解して、AdSenseを利用してください。

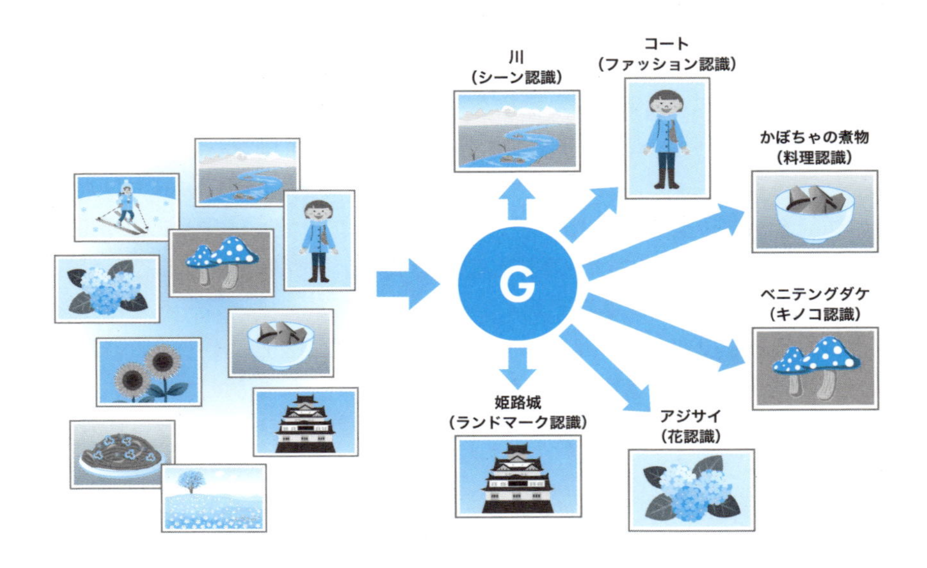

Check!

1. Googleに対して伏せ字は無意味
2. 画像でアダルトと判断することもできる
3. アダルトな言葉を使わなくても判断できる

プロの技 49

著作権つき動画のレビューサイトは危ない

昨今ではYoutubeをはじめとした、インターネット上で無料で動画を視聴できるサービスが多く存在します。こういったものをコンテンツの一部として使用することに問題はあるのでしょうか。著作権関連についてはGoogleはもちろん、他社のネットワークや警察までもが注視していることをきちんと知っておきましょう。

Point

- 著作権者から許諾を得ていない素材は使わない
- 著作権の取締りは年々厳しくなってきている
- 特にYouTubeには注意する

許諾を得ていないかぎり使えない

プロの技43 でもお話ししたとおり、AdSenseのポリシー違反に該当するケースとしてアダルト関連の次に多いのが、著作権関連です。

当たり前ですが、AdSenseにかぎらず基本的に著作物に関して、**著作権を持っている人から許諾を得ていないかぎり、そのコンテンツを自分のサイトで使用できません。**

マンガのキャプチャ画像を記事内に使用しているブログを見かけますが、これももちろん著作権を有する作者に許諾を得ていなければ著作権違反に該当します。仮に作者から指摘されてしまえば、ほぼ100%アウトです。

またGoogleが運営するオンライン動画サービスのYoutubeを見ていると、著作権に違反していると思われる動画もたくさん見つかります。ですが、**Youtubeにアップロードされているからという理由だけで、それをコンテンツとして勝手に使用していいわけではありません。**

著作権に絡む部分でのYoutube側の取り締まり体制にはまだまだ甘い点はありますが、そのことと著作権に違反してマネタイズを行ってもいいかどうかは全く別な話です。

もちろんYouTubeだけでなく、海外のサーバーにドラマやアニメをアップロードし、配信しているような場合もNGになります。

特に著作権違反の動画を使用するのはNG

著作物を勝手にコンテンツとして使用すること自体がそもそも問題ですが、その中でもYoutubeに載っているような著作権違反の動画を自分のサイトに挿入し、それに対するレビューなどで収益をあげることはさらにNGです。

実は、こういったことに目を光らせているのはGoogleだけではありません。著作権違反のものを用いてお金を稼ぐ行為は、そこで稼いだお金が反社会的な団体に流れているケースもあり得るからです。そのためGoogleでも他社のアドネットワーク、あるいは警察と連携してチェックしています。

「人気の動画を用いてコンテンツを作成すればアクセスが伸びそうだから」「自分で一からコンテンツを作るよりも簡単に収益をあげることができそうだから」、さまざまな理由でつい手を出したくなることもあるかもしれません。しかし、著作権違反については想像以上に厳しく監視されているということを頭に入れておきましょう。

● 動画まとめサイト例

Check!

1. 著作物を無断でコンテンツに使用することはNG
2. 著作権違反のコンテンツについては目を光らせているのはGoogleだけではない
3. 著作権違反はアダルトに次に多いポリシー違反

プロの技 50 うっかりしがちなポリシー違反 質の低いクリック編

AdSenseのポリシーは非常に多岐に渡っており、しっかり理解しているつもりでも、うっかり違反していたというケースも考えられます。ここでは些細なミスを少しでもなくせるよう、サイト運営者が思わずやってしまいがちな、クリックの質の低下に繋がるポリシー違反をいくつか紹介していきます。

Point

- お小遣い稼ぎのコンテンツはNG
- ラベルは決められた表記のみ許可されている
- アフィリエイトと同じ感覚ではいけない

お小遣い稼ぎ、ポイントサイトコンテンツ

そもそも広告を出してはいけないコンテンツのひとつに、**お小遣い稼ぎやポイント獲得を目的としたサイト**があります。メールを受信するとポイントが貯まるといったようなものです。

なぜこのようなサイトがポリシー違反になるのかというと、**お小遣い稼ぎやポイント獲得を目的としたサイトでのクリックの質があまりよくない**ことが理由です。中にはポイントを貯める方法として広告のクリックを設定しているサイトもありますが、このようなサイトに訪れるユーザーは基本的にポイント目当てで、関係のないさまざまなものをクリックしがちです。AdSenseの広告も同じようなノリでクリックされてしまうと、広告主としても意味のない広告費を無駄に支払うことになってしまいます。

● ポイントサイト例

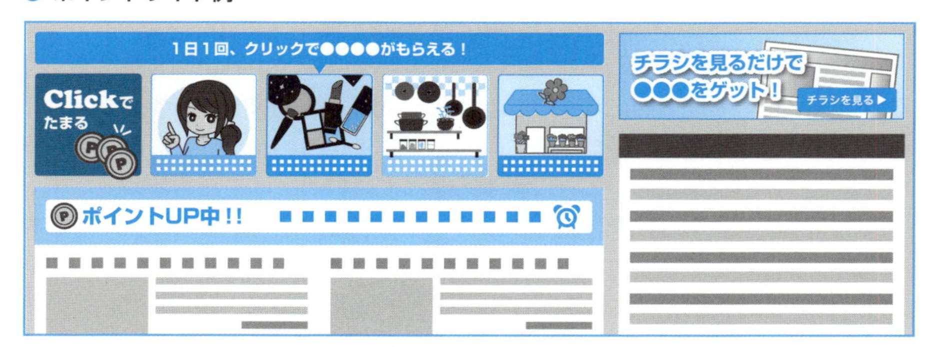

 誤クリックを誘導してしまうミスラベル

サイトやコンテンツの内容以外でポリシー違反としてよく見られるものが、**広告のミスラベル**です。ラベルとは広告の上に配置する文言のことです。

たとえば、「おすすめリンク」といったような文言のすぐ下にAdSenseが配置されているケースなどがあります。AdSenseもコンテンツの一部で、なおかつこれがお勧めであるといった見方をされてしまうと、ユーザーもそれをコンテンツと勘違いしてクリックしてしまいます。

ラベルをつけるのであれば、「スポンサーリンク」や「広告」、「PR」といったように、**広告であることがきちんとわかる表記**にしておきましょう。あたかもコンテンツと誤認させてしまう、ユーザーのミスクリックを誘発するようなわかりづらいラベル付けはNGです。

● ミスラベル例

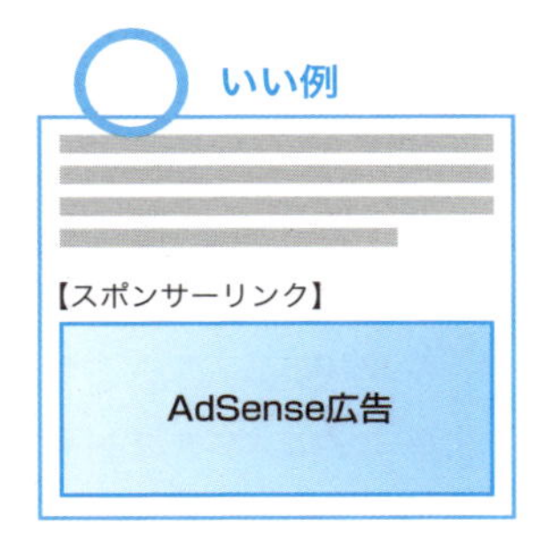

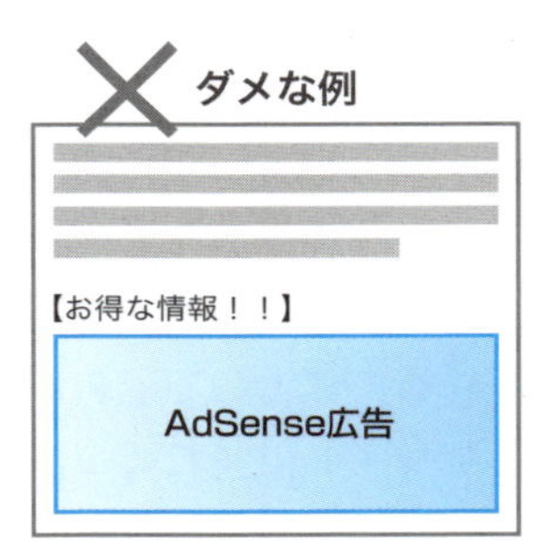

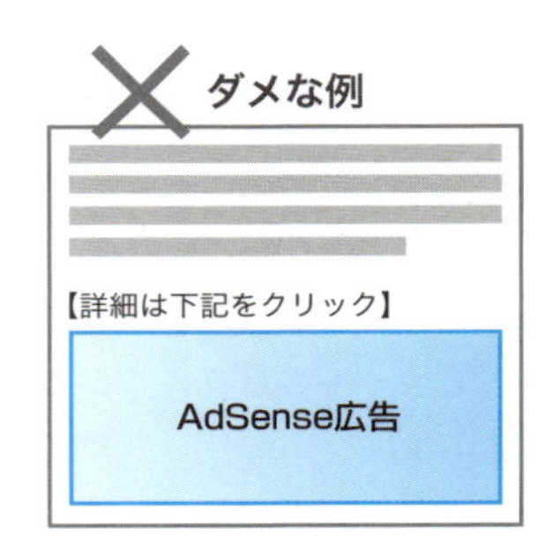

質の低いクリックを生み出してしまうクリック誘導

プロの技44 でも説明しましたが、アフィリエイトサイトによく見られるクリック誘導も、AdSenseにおいてはポリシー違反となります。

「広告をクリックしてください」「下記から購入できます」という文章が書かれている場合、アフィリエイトリンクとAdSense広告が近くにある場合など、ユーザーはどれをクリックしたらいいのかわかりません。サイトを訪問するユーザーがサイト運営者の意図を100%読み取ってくれるとはかぎらないのです。

AdSenseしか設置していないコンテンツではもちろんのこと、アフィリエイト広告を併用しているコンテンツに関しても誤解を生むことがないよう、十分に配慮する必要があります。

具体的な「間違ったクリック誘導」事例

右下の例を見てください。文章中では「保湿αローション」という商品について説明しており、「公式サイトはこちら」という文言をクリックすると保湿αローションの公式サイトにいく作りになっています。この場合、サイト運営者が書いている「商品は以下の位リンクから購入できますよ～！」の「以下のリンク」は「公式サイトはこちら」を意味していると予測されます。

しかし「公式サイトはこちら」の下にAdSense広告が実装されており、配信されている広告も同じような美容関連のコスメの広告なので、ユーザーの誤クリックが発生しやすいと推測できます。

このような誘導方法で誤クリックが発生すると、ユーザーからすると自分が欲しいと感じた商品の販売ページに行けず、広告主も無駄な費用が発生してしまいます。

わざとこのような分かりづらい実装をする運営者はいないと思いますが、アフィリエイターとしてサイト運営している人は、うっかりこのような実装になってしまう可能性があるので、アフィリエイトリンクとAdSenseを併用する場合は注意が必要です。

● 間違ったクリック誘導の例

Check!

1. お小遣い稼ぎのコンテンツにはAdSenseを掲載しない
2. ラベルはポリシーで許可されたものにする(「スポンサーリンク」「広告」「PR」)
3. サイト内にAdSenseがある場合、「下記の広告をクリック」のような文言は使用しない

プロの技 51 うっかりしがちなポリシー違反 サイト実装編

プロの技50 に続き、うっかり違反しがちなものとして、サイト実装に関するポリシー違反をいくつか紹介します。初心者がテンプレートを使ってサイト制作するときに起こり得ることなのでしっかりと確認しましょう。

Point

- ユーザーをクリックに追い込むようなサイト構造はNG
- 他社の広告がAdSenseミスクリックを誘発することもある
- レスポンシブ対応はGoogleが許可した方法で実施する

ファーストビューへの300×250の実装について

スマートフォンでコンテンツを開いてはじめに表示された画面内（ファーストビュー）に300×250（もしくはそれよりさらに大きいサイズ）の広告が表示されてしまうケースも、ポリシー違反となる可能性があります。

ただ、2017年5月にGoogleのInside AdSense(英語版）にて「スマートフォンサイトのファーストビューに300×250サイズの広告が実装されていてもポリシー違反とはしない」と宣言されました。本ポリシー変更の背景のひとつとして、スマートフォン画面が年々大型化していることが考えられます。ファーストビューに300×250サイズを実装しても、画面の多くの部分が広告という状態ではなくなってきているのでしょう。

ファーストビューへの300×250の実装は、以前では試すことができなかった収益向上策になります。収益優先の実装をしたいという積極派のサイト運営者は一度、試してみるのもいいかもしれません。

慎重を期したいサイト運営者は、現時点では、ファーストビューへは320×100を実装するほうが望ましいでしょう。

● ファーストビューが広告でいっぱいいっぱい

テンプレートサイト

サイト構築に使用するデザインテンプレートにも、ポリシー違反に該当しやすいものがあります。それは、**ユーザーを広告に追い込むようなデザイン**です。

特にアフィリエイト向けとして用意されるテンプレートに多く、中にはユーザーをどんどん追い込み、最終的に広告をクリックする以外に逃げ場がないといったものも存在しています。具体例としては、**広告以外に外部へのリンクがまったくない**、**内部リンクしかない**といったものです。

このようなテンプレートを用いた場合、広告のクリック率が異常な数値となることがあります。あえてクリック率を高める意図での実装であったとしても、あまりに不自然だとポリシー違反として判断されてしまうケースもあるのです。

オーバーレイ広告との併用は要注意

最近ではスマートフォン向けの広告形式として、サイト閲覧時に画面下などに固定表示される**オーバーレイ広告**を提供するアドネットワークも増えてきました。AdSenseでも、モバイル向けにオーバーレイ広告を提供しています。

ただし、AdSenseが提供する広告のように広告がフッター（画面下）に固定されるものであれば構いませんが、画面上から降ってくるなど**動きのある広告が設置されている記事にAdSenseを併用することはポリシー違反**です。動きのある広告を設置することで、その広告をクリックしようとしたユーザーが間違ってAdSenseをクリックしてしまう可能性があるからです。

AdSenseを設置していないコンテンツに、他社のオーバーレイ広告を使用することはもちろん問題ありません。**動きのあるオーバーレイ広告はAdSenseと併用はできない**ということをしっかり覚えておきましょう。

● オーバーレイ広告

マウスオンで追加表示されるメニューとの位置関係を考慮する

特にブログに多く見られるものとして、サイト上部に設置されたメニューにマウスオンすることでサブメニューが追加表示されるという設計があります。この設計自体は多くのサイトで見られ、特に問題はありません。

しかし、このメニューの側にAdSenseを配置する際には、**追加表示されたメニューがAdSenseの上に重なって表示されてしまうとポリシー違反**となってしまいます。こちらも理由は先ほど同様で、メニューをクリックしようとし、誤ってAdSenseがクリックされてしまう可能性があるからです。

メニューバーは多くのサイトがファーストビューに近い、よく見られる場所に設置していることが多いと思います。つまり広告を配置する場所としても魅力的な位置となるわけですが、メニューがAdSenseに干渉してしまわないよう、配置は計算しなければなりません。

● メニューが AdSense に被ってしまう事例

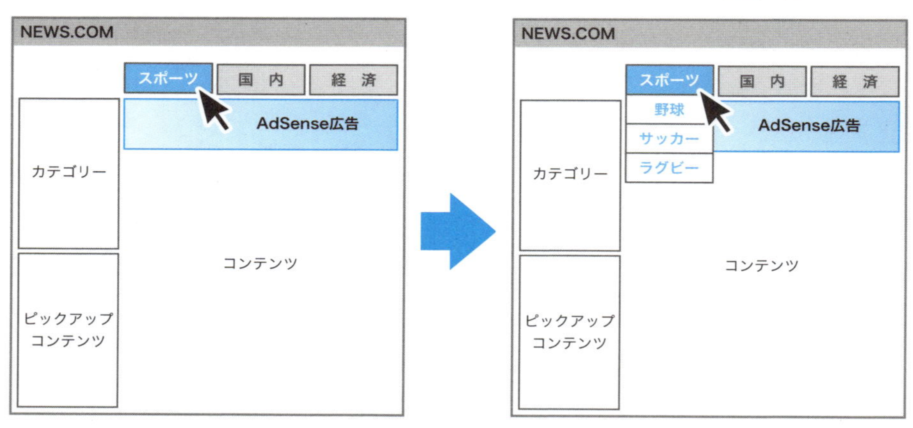

レスポンシブデザイン対応のためのコード修正方法

スマートフォンからのアクセスを意識して、**閲覧する機器の画面幅によってサイトのデザインを柔軟に変化させる「レスポンシブデザイン」**を取り入れたサイトも非常に多く見られるようになってきました。

たとえば記事下に300×250サイズのレクタングルを2つ横並びに設置した場合、PCサイトでは横に並んで表示されますが、スマートフォンサイトだと縦に2つ並んでしまい、ポリシー違反となります。

● PC サイトの場合

● スマートフォンサイトの場合

この改善のため、CSSを用いてAdSense広告に「display: none;」というプロパティ指定をし、スマートフォンサイトの場合のみ1つのAdSenseを強制的に隠すといった対処も、実はポリシー違反です。

displayプロパティを用いて広告を強制的に非表示にすると、サイトを見ているユーザーからは広告が見えなくなります。しかし、それはあくまでCSSを用いて見えなくしているだけであり、実際には画面に表示されているものとしてカウントされ、CPM課金で出稿している広告主にとっては課金対象となってしまうからです。

AdSenseでは4～5年前まで、サイトに設置する広告コードを修正する行為自体をポリシー違反としていましたが、**レスポンシブデザインに対応する目的でGoogleが決めた基準に従っていれば、コード修正もOK**としています。

Check!

1. 無理にユーザーにクリックさせるようなテンプレートはNG
2. 他社広告であっても、その挙動によりAdSenseのポリシー違反になることも
3. レスポンシブサイトに対応させるなら、Googleが許可した方法で

プロの技 52

アダルトなポリシー違反を防止するキーワード

AdSenseのポリシーに定める内容の中でも、サイト運営者とGoogleとで最も意見が分かれることのひとつがアダルト関連です。一概に「アダルトはこれ」ときれいに線引きができるものではありませんが、ポイントを押さえ、ポリシー違反は避けましょう。

Point

- 厳しいポリシーは広告主のため。回り回って収益となって返ってくる
- サイト内からアダルトコンテンツをすべて撤去する必要はない
- キーワードフィルタにより精度の高い対策が可能

アダルトの基準は「ファミリーセーフ」

Googleではコンテンツの内容を判断するための基準として「ファミリーセーフ」と呼ばれるものを用意しています。これは**家族や子どもと一緒にそのコンテンツを見ても問題がないか**というものです。

意図しないアダルトポリシー違反としてよくある例は、青少年誌の表紙に載せられたアイドルのグラビア写真などです。AdSenseのポリシーにおいては、グラビアもアダルトとして判断されてしまいます。

厳しい基準だからこそ広告主が増える

サイト運営者の中には、「サイトのコンテンツについてGoogleに口出しされる筋合いはない」と考える人もいるかもしれません。しかしここで勘違いしてほしくないのは、**Googleはコンテンツ自体を否定しているわけではなく、そのコンテンツにAdSenseを貼ることを問題としているだけ**ということです。

中には「AdSenseの厳しいポリシーがあるからこそ出稿したい」と考える広告主もおり、**AdSenseの厳しいポリシーがほかのアドネットワークとの大きな差別化要素になっている**ともいえます。

ポリシー違反のコンテンツに広告が表示された結果として、広告の出稿自体が取りやめになってしまったら、元も子もありません。これはGoogleにとっても、そして最終的にはサイト運営者にとっても大きな痛手になることがおわかりいただけるでしょう。

Googleはアダルトを全否定しているわけではない

実は、AdWords側からアダルト関連の広告自体を出稿することは、2018年1月現在でもできます。たとえばGoogle検索で「アダルト 女優 求人」とキーワードを入れてみると、関連する広告が表示されるはずです。**アダルト関連の広告はGoogle検索ネットワークにかぎり、広告出稿・配信が許可されている**のです。ただしAdSenseへの配信については、少なくとも2018年1月時点では行われていない状況です。

このことからもわかるように、**Googleがアダルトというモノ自体を全否定しているわけではありません**。サイトコンテンツの半分以上がアダルト関連という場合は話が別ですが、そのコンテンツにAdSenseが貼られていなければ、サイト内にアダルトコンテンツが存在すること自体は問題ありません。

キーワードフィルタによる回避策

きちんとした線引きが難しいアダルトでのポリシー違反ですが、これを少しでも避けるために有効といえる方法が、**キーワードフィルタを用いた回避**です。

本書では付録として、アダルトによるポリシー違反を避けるために使えるキーワードリストがダウンロードできます（2頁参照）。ポリシー違反と判断されたコンテンツでよく使われているキーワードを私自身の手で個人的にまとめたものです。Google公式の内容ではないので、100%ポリシー違反を回避できるという保証はできませんが、それでも十分有効に活用できるはずです。

なお、付録しているキーワードはあくまでテキスト情報なので、画像には対応できません。また、今後ポリシー違反として判断されやすいキーワードが見直されていく可能性があるため、継続して使うためには定期的なメンテナンスも必要となります。

簡単な活用例としては、**Googleで「site:」を使用した検索をする**ことです。

- site:「運営しているサイトのドメイン名」「アダルトキーワード」で検索する

例 site: abc.com セックス

たとえば上記のように検索をしてみて、検索結果に表示されたページにAdSense広告コードが実装されていたら、そのページからは削除し他のアドネットワークなどで収益化します。

キーワードフィルタの使い方

付録のキーワードリストを用いたフィルタの活用方法としては、大手サイトのように**データベースにキーワードリスト（フィルタ）を持ち、コンテンツ内に該当するキーワードが含まれていればAdSense広告をほかの広告に置き換える**のが有効でしょう。このような実装が技術的に可能であれば、一番理想的です。ぜひ運営するサイトに取り込んでみてください。

● キーワードフィルタ実装の例

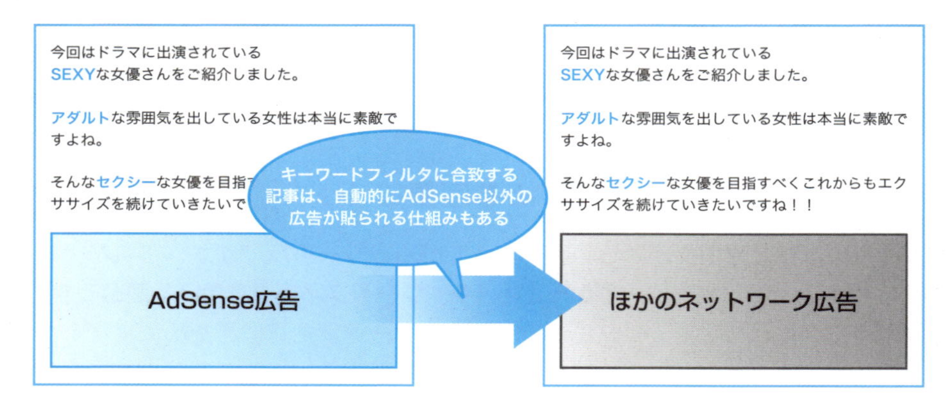

また、このようなサービスを提供している会社もあります。ポリシー違反を防ぐための対策のひとつとして効果は期待できるはずです。必要に応じて、導入を検討してみてください。

● キーワードフィルタ等によるAdSenseポリシー対策サービスの例
・http://geniee.co.jp/products/gaurl.php
・https://corp.fluct.jp/service/publisher/google/adsense/

Check!

1. AdSenseを利用するならアダルトの基準はGoogleが用意したものに従う必要がある
2. アダルトによるポリシー違反はキーワードリストを有効に活用する
3. キーワードフィルタを導入できるサイトやサービスも存在している

プロの技 53

嫌がらせクリック(アボセンス)を防ぐ方法

嫌がらせによるAdSenseクリックでAdSenseアカウントを閉鎖させてしまう行為を「アボセンス」と呼びます。このアボセンスの実態はどのようになっているのでしょうか。防ぐために最低限意識したいこともきちんと押さえておきましょう。

Point

- アボセンスは減少傾向にあると考えられる
- 嫌がらせであっても質の低いクリックには変わらない
- いつもと違う動きを速やかに把握できるようにし、できるかぎりの証拠を集める

アボセンスの実態

特定のサイトのAdSense広告を無駄にクリックし、ポリシー違反としてAdSenseアカウントを閉鎖させてしまう嫌がらせ行為は、一般的に**アボセンス**と呼ばれています。この行為の最大のポイントは、アボセンスを行うことによって、**Google以外の第三者が恣意的に特定サイトのAdSenseアカウントを閉鎖できてしまう**というところにあります。

たとえばアボセンスの標的とされたサイトが、広告主からも人気のある価値の高いサイトであったとします。このサイトがアボセンスによりアカウント閉鎖されてしまった場合、まず広告主にとっては痛手になり、すなわちGoogleにとっても収益源が失われてしまうということに繋がります。

またサイトの収益源が減少すればサイト運営者にもダメージとなり、結果としてサイト自体の今後のコンテンツ力の低下に繋がりかねません。まわりまわって、サイトを訪れるユーザーにとっても悪影響出てくるというわけです。

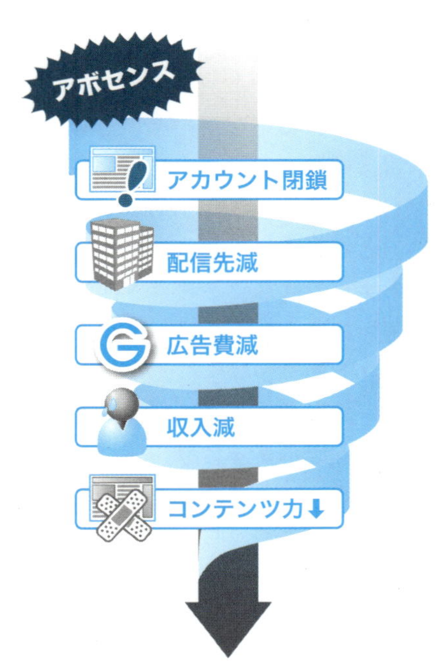

3 AdSenseの裏側を知って収益を向上させよう

もちろんこのような事態はGoogleにとっても望ましくないので、アボセンスが簡単に行われないよう、システム的・人的な対策をとっています。システム的な改善は長年の蓄積もあり、以前であればアカウント閉鎖となってしまった嫌がらせクリックでも、現在は検知できるようになっています。このような取り組みで、**アボセンスによってアカウント閉鎖に追い込まれるようなケースは大きく減ってきている**と考えられるでしょう。

ただし、このような改善をもってしても検知しきれない例もあります。以前、テレビ番組で取りあげられたあるアプリのアカウントが、一発閉鎖となってしまったのです。

このアプリには「AdMob」と呼ばれるアプリ版のAdSenseが実装されていたのですが、テレビで紹介されたことで急激にトラフィックが増加し、嫌がらせクリックを含む多くの無効なクリックが発生してしまったことが原因でした。たまたま広告の配置があまりよくなかったことも起因して、広告主を保護する観点から、アカウント閉鎖という処置に至ったと考えられます。

嫌がらせクリックをされるには理由がある

嫌がらせをする立場に立ってみると、わざわざ貴重な時間と労力を使って行っているわけです。少し言い方を変えると、そこまで“させてしまう”理由が何かあるはずです。

考えられる主な理由としては、サイト運営者自身のことが嫌いといった単純な嫌悪感や、収益化の方法が気に入らないなどの悪意・妬みが絡んだものが挙げられるでしょう。Googleの立場からすれば、たとえサイト運営者が正しいやり方と考えていても、結果的に**ユーザーに嫌われているのであれば、望ましいパートナーではない**と判断されてしまいます。

最近では、あえて炎上を狙うことでトラフィックやPVを稼ぐ手法を使っているサイトも見受けられます。PVを稼ぐ手段としては有効かもしれませんが、ユーザーの反感を買ってしまうという意味では、AdSenseを使うサイトとして望ましいとはいえません。

炎上狙いでアカウント閉鎖になってしまったのであれば、それは自業自得です。そうでなくとも、嫌がらせ行為が発生する理由の大部分は、サイト運営者側にも何らかの要因があるはずです。嫌がらせ行為自体はもちろんよくないことですが、されてしまった事実はきちんと受け止めるべきでしょう。

アボセンスを防ぐ方法

サイト運営者の立場で見れば、嫌がらせ行為は少しでも予防したいところです。アボセンスにかぎっていえば、“人”の行動に起因するため、直接的に防ぐのは難しいですが、予防する方法として有効な施策をいくつかお話しします。

1 嫌われないコンテンツ作り

まずサイト運営における意識面での取り組みとして、**敵を作らないサイト運営**は重要といえます。先ほども触れたとおり、ユーザーから嫌われている、あるいは敵が多いサイトやコンテンツは、GoogleとしてもAdSenseを利用する広告パートナーとしてふさわしいとは認識していません。

たとえば他人を批判しない、過度な自己主張に気をつけるなど、**ユーザーの気持ちになって作ってみる視点も大切**です。

2 レポートを常に見ておく

また、**おかしい動きを積極的に検知するよう取り組むこ**とも大切です。たとえばAdSenseのレポート画面ではクリック率が確認できますが、日頃からこの数値を把握し、明らかにクリック率が上がっている場合にはすぐ気がつけるように備えておきましょう。一見地味ですが、とても有効です。

広告主をターゲットとしたアボセンスもある

ちなみにアボセンスはサイト運営者だけではなく、広告主を標的として行われるケースもあります。競合となる広告主の広告を意図的にクリックすることで無駄に広告費用を発生させ、競合相手の広告費を削り取るというわけです。

広告主向けのAdWords管理画面では、IPアドレスのブロック機能といったものも実装されています。アボセンス行為を行うユーザーのIPアドレスを把握し、指定することで、そのIPアドレスからのインターネットアクセス時には広告を表示しないといった対処ができるのです。

ただこのIPアドレスによるブロック機能は、AdSenseには用意されていません。Googleとしてはクリックの質を担保するのはサイト運営者側の責任と考えていることから、今後もこういった機能が実装される可能性はあまり期待できないでしょう。

クリック元のIPアドレスを探る方法

AdSenseのクリック元のIPアドレスを探る方法も、ないわけではありません。

- サーバーのログを直接見る
- クリック元のIPを回収できるサードパーティー製の有料サービスを利用する

上記のうち、サーバー管理の知識や技術を持っている人ならまだしも、より一般的と考えられるのは後者でしょう。例として紹介できるのは「**Research Artisan(リサーチアルチザン)**」と呼ばれるサービスです。サイトに実装することで、AdSenseをクリックしたIPを回収できます。

嫌がらせを行うユーザーのIPアドレスを特定したら、それをGoogleに報告してください。Googleのヘルプページには、こういったことを報告する専用の申請フォームが用意されています。

かなり手間に感じるかもしれませんが、このようにきちんと対応することは、サイト運営者として、責任を持って管理しているという姿勢にも繋がります。

● Research Artisan（リサーチアルチザン）IP アドレス確認画面

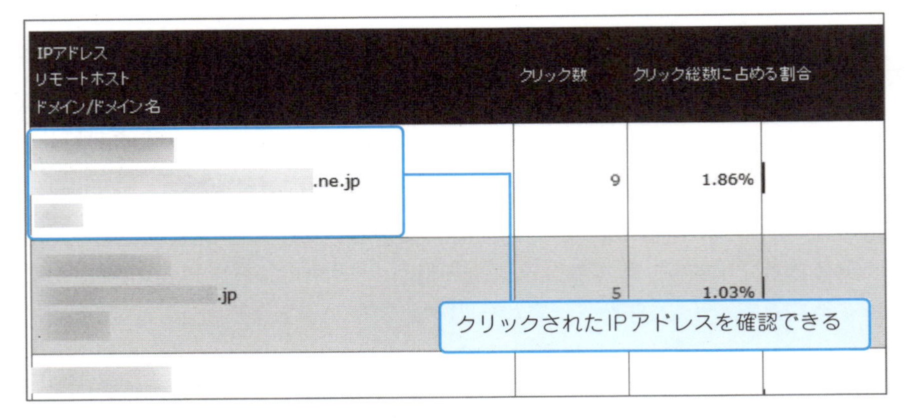

Check!

1. システムの改善によりアボセンスは以前より起こりにくくなっている
2. ユーザーに好かれる正攻法なサイト運営がアボセンスを遠ざける
3. できるかぎり証拠を集めてGoogleに報告する

プロの技 54
意外と知らないポリシーのOK・NG

最近では、AdSenseに関する情報がインターネット上でも多く見られるようになってきました。ですが、こういった情報をチェックしてみたり、あるいはAdSenseサイトの運営者と直接話をしていると、誤った理解がされていることが多々あります。ここではその主な例を紹介します。

Point

- ポリシーをよく見ると、意外と柔軟な場合がある
- ポリシーでは認められても、ユーザービリティが悪くなる場合もある
- 認められたアカウントのみの特別機能もある

1つのコンテンツ内に2つ以上のAdSenseアカウントの広告コードは共存できる?

よく質問され、かつ勘違いしている人が多いケースのひとつです。同じサイト内に複数人でコンテンツを作成している場合などに発生が考えられます。

まず、**「1つのコンテンツ内に2つ以上のAdSenseアカウントの広告コードが入っている」状態自体は、ポリシー違反ではありません。**

無料ブログシステムを利用している場合を考えてみてください。無料プランで契約していれば、サイト内に1カ所必ずブログ運営会社の収益となるAdSense広告がプリセットされているはずです。そのサイトやコンテンツ内にサイト運営者のAdSenseアカウントによる広告コードも貼ることができますが、これは特に問題がありませんよね。これと同じ考え方でOKです。

● 1ページ内に複数の広告コードが実装されている図

ただひとつ注意したいのは、**複数のAdSenseアカウントの広告コードを配置しても、その他のAdSenseポリシーが緩和されるわけではない**という点です。コンテンツの分量に対して広告の占める割合が多すぎる場合はポリシー違反となってしまうので、注意してください。

サイト運営者が変わった場合、AdSenseアカウント（広告コード）を変更できる？

サイトやコンテンツというものの価値、あるいはこれらで収益をあげることができるという理解が浸透してきたことにより、最近ではサイト自体の売買という行為も珍しくはなくなってきました。

こういったケースにおいては、運営者の変更に伴い、サイトやコンテンツ内に設定されているAdSenseの広告コードも旧運営者のものから新運営者のものへと変更したいはずです。AdSenseの広告コードだけを貼り替える行為は問題ないのでしょうか。

実は、これもポリシー違反ではありません。旧運営者のAさんから新運営者のBさんへサイトが譲渡された場合、サイトの管理者自体がAさんからBさんへと変更になるため、**AdSenseアカウントもそれにあわせて変更となって何ら問題はない**のです。

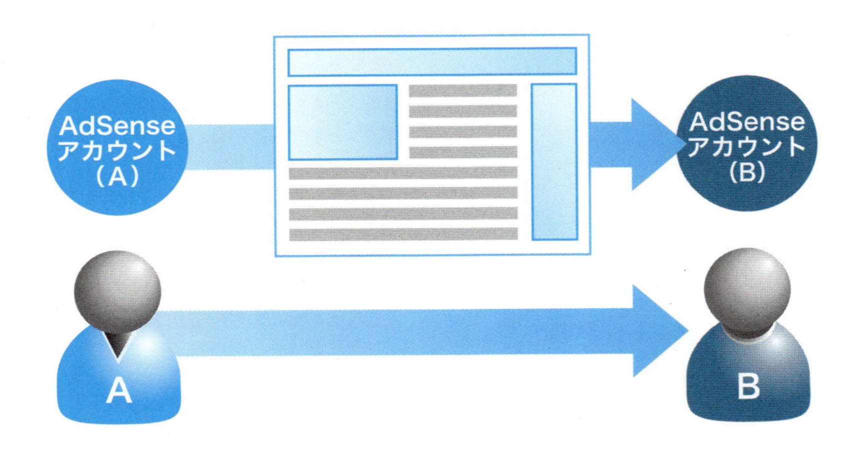

スマートフォンサイトで 1画面内にAdSenseと他社広告が並ぶのはOK？

AdSenseでは、スマートフォンの1画面内に複数のAdSense広告が同時に表示されることはポリシー違反としています。画面内に占める広告の割合が非常に高く、ユーザーにやさしくないコンテンツと判断されるためです。

ではAdSenseと他のアドネットワークを併用している場合、これらが1画面内に並んで配置される場合はどうでしょうか。

よく勘違いされがちですが、実はこれもAdSenseのポリシーとしては問題ありません。Googleから見れば、他社のアドネットワークやアフィリエイトは基本的に関係のないものです。そのため**AdSenseと他社広告の配置が近くなり、画面に占める広告の割合が高くなったとしても、これ自体が直接ポリシー違反と受け取られることはありません**。

ただしポリシーでは認められていても、スマートフォンなどでサイトを見て1画面中に広告が2つ並ぶのはユーザビリティを阻害するので、避けたほうがいいのは確かです。

またいくらポリシーで認められているといっても、これが原因でAdSenseの誤クリックが増えるとクリック単価の減少などに繋がるので、できるだけ控えるようにしましょう。

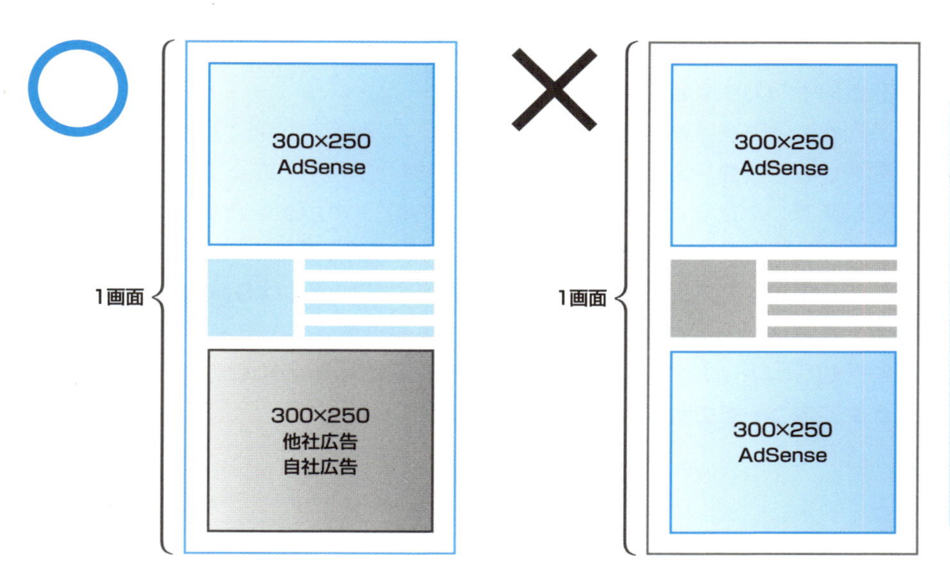

3
AdSenseの裏側を知って収益を向上させよう

 AdSense広告を別ウィンドウで表示させるのはOK？

AdSense広告を実際にクリックしたことがある人ならわかると思いますが、一般的にAdSenseでは広告をクリックした場合はウィンドウ（あるいはタブ）がそのままで、リンク先の広告主サイトが開く仕様になっています。

しかしまれに、このリンク先の広告主サイトが新しいウィンドウ（あるいはタブ）で開くケースがあります。こういったものの存在を知ると、広告クリック時の動作をサイト運営者で手を加えてもいいと思ってしまうかもしれません。

標準設定どおり
同一タブで広告主ページへ移動する
（特にカスタマイズしない）

特定のアカウントのみ特別機能として別タブで広告主ページへ移動する
（Google と特別契約）

同一タブで広告主ページに移動するのが嫌なので自分でカスタマイズする
（ポリシー違反）

Googleでは一般向けに公開していないものの、Googleによって認められた特定のAdSenseアカウントに対して「特別機能」と呼ばれるものを提供しています。その特別機能の１つとして「AdSense広告を別ウィンドウで表示させる」というものがあるのです。

特別機能の存在自体ならびに詳細に関しては、あまり公開されていません。当然ながら収益額やPV数など、これらの特別機能が利用できる基準も非公開となっています。ただひとついえるのは、基本的にGoogleやその認定パートナー（184頁参照）から提案があり、はじめて利用できる機能ということです。

ただこの機能も先ほど同様、**使用が認められているのはGoogleが認定した特定のAdSenseアカウントのみ**です。技術的に実装できる・できない以前に、そもそもGoogleが認めた方法以外で独自に**AdSenseの動作に変化を加えることや広告コードの改変は認められていません**。

AdSenseをサイドカラムに配置して追尾させるのはポリシー違反？

PCサイトを縦にスクロールした際、サイドカラムに張りついてスクロールについて来るスタイルの広告を「**追従型広告（Sticky Ads）**」と呼びます。これも、Googleが認定した特定のAdSenseアカウントに対して使用を認めている特別機能なので、一般的にAdSenseサイトに実装するとポリシー違反となってしまいます。

● **追従型広告（Sticky Ads）**

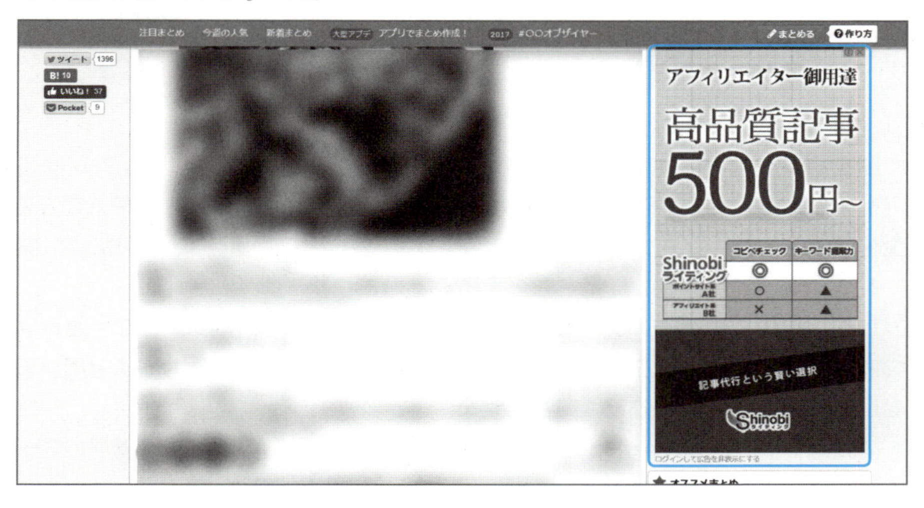

ここまででお話しした「AdSenseのリンク先を別ウィンドウで表示」「Sticky Adsの設置」は、あくまでGoogleの認定を受けた特定のアカウントに対し提供される機能の一部ですが、比較的よく見かけるものの例といえるでしょう。

先ほどもお話ししたとおり、こういった機能は基本的にGoogle、あるいはその認定パートナーから提案があってはじめて利用できるようになるものです。

ここではこういった機能が提供されるケースもある、ということをまず理解してください。そして勘違いによってポリシー違反とならないよう、サイト運営に活かしましょう。

AdSense認定パートナーは、特別だけど特別でない

AdSenseには「**認定パートナー**」という制度があります。Googleから認定された企業がサイト運営者に対して収益性を向上させるためのアドバイスをし、それに対してサイト運営者からマージンを受け取るというプログラムです。

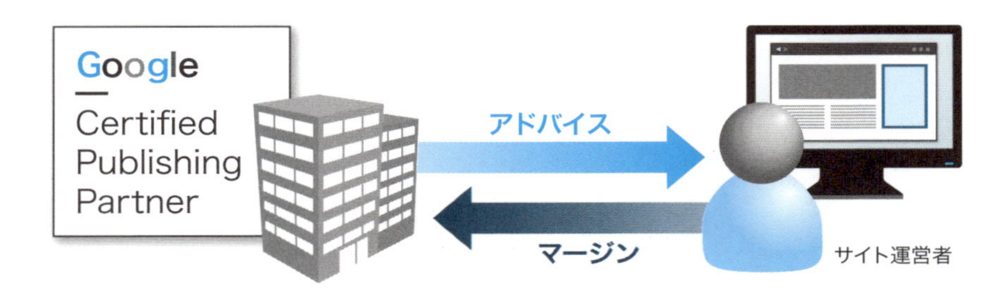

認定パートナーが提供している機能として、認定パートナー自体が管理するアドネットワークやSSPとAdSenseを混ぜて配信し、より単価の高い広告を配信できるといったものなどがあります。またサイトによっては、一般には公開されていない特別機能の提案をもらえることもあります。

しかしこの認定パートナーからの提案において、まれにポリシーに合致しない内容が含まれていることもあります。**ポリシーは、認定パートナー経由だからといって緩和されるものではありません**。

認定パートナーは、AdSenseのマージンはもちろん、自分たちが運営しているアドネットワークの収益を向上させるなど、何らかの目的を持って提案を行っています。提案を単純に鵜呑みにするのではなく、時には自分できちんと確認し、判断することも必要です。

Check!

1. 1コンテンツ内に複数のAdSenseアカウントが共存してもOK
2. サイト運営者が変更されたら広告コードも張り替えてOK
3. 他社広告なら、スマートフォンサイトでAdSense広告と並んで表示されても問題ない
4. Googleが認めた方法以外でのコードの改変は禁止
5. 追従型広告は認められたアカウントだけが使える機能
6. 認定パートナーのいうことであっても鵜呑みにすることは禁物

プロの技 55

Googleという組織

私自身が元々Googleで働いていたという経験があるので、ここでは、一般的にあまり知られていないGoogleの組織についてもお話ししていきます。中には不公平に感じることもあると思いますが、そういったことを理解し受け入れることも時には必要です。

Point

- あくまでもGoogleは「企業」
- 不公平であることも多々ある
- まずは自分でできるコンテンツ作りに注力するべき

Googleの人は、Googleのことなら何でも知っていると思っていませんか？

Googleの組織は**プロダクトごとに縦割りされたチームで構成**されています。ここでいうプロダクトとは、AdSenseやAdWords、Gmail、Google検索といった各サービスのことです。そして基本的に、各チームに属する担当者は自分が属する組織のことしか知りません。また、それぞれの組織間での交流も多くありません。

AdWordsチームとAdSenseチームを例にしてみると、まずそもそもチームに在籍する担当者の人数が大きく異なります。Googleの主な収益は広告収入なので、広告主への営業を担当するAdWordsチームにはAdSenseチームの10倍ほどの人数が在籍しています。また予算の額なども桁違いに異なります。

Googleでは、各プロダクト毎に設定された目標を達成するために担当者が邁進しているのです。

本音と建て前を理解する

セミナーなどでは必ずといっていいほど「AdSense利用者はすべて重要なパートナー」というフレーズを耳にすることでしょう。しかし実際にはそこまでではないのです。本音と建て前があるということを理解しておきましょう。

規模の小さいサイトがAdSenseの掲載をやめたとしても、Googleのビジネスには全く影響がありません。これは収益が数千～数万円程度のサイトを指しているわけではなく、仮に月間で100万円稼いでいるサイトであってもです。

Googleでは上位数百サイトだけで収益の半分くらいが賄われています。少し強くいえば、これらを除く下位数千〜数万のサイトはなくなってもどうでもいいとすらいえるのです。AdSenseで何十万稼いでいるといっても、それを実際にすごいと思っているのはサイト運営者自身だけ。この程度の規模であれば、Googleに貢献しているとはいえないのです。

不公平なこともある

Googleの中で、AdSenseを管轄とするグループは1つではありません。実際には「オンラインパートナーシップグループ」と呼ばれる組織と、「戦略事業本部」の2つが存在しています（部署名は変更されることがあります）。

一般のAdSenseサイトを管轄とするのは**オンラインパートナーシップグループ**で、全体の99%がこちらに含まれます。**戦略事業本部**では残る1%（実際には0.1%以下）の規模が特に大きい、ごく限られたサイトのみを管轄としています。

ポリシー自体は一緒でも、それぞれの組織によって取り締まりの基準が異なっているため、管轄の異なるサイトを比べた際、よくよく見ると矛盾を感じるようなケースも少なくありません。たとえば、自分の運営するサイトにきたポリシー違反の警告と似たようなことを超大手のサイトが書いていてもお咎めなし、というような不公平なことも十分起こり得ます。

しかし、このようなことに対してGoogleに不平不満を申し立てても、状況を変えられる可能性は低いでしょう。航空会社や銀行なども顧客のグレードにより、対応が大きく異なります。一般のサイト運営者から見ると不公平に思われることもあるかもしれませんが、Googleも一営利企業です。Googleの立場から見ると、顧客のグレードごとにサービスレベルを設定しているにすぎません。

クリック単価と同様にサイト運営者側ではコントロールできない要素なので、気にしすぎないことが大切です。それよりもまずは、自分で変えられる点にフォーカスしていきましょう。

Check!

1. Googleの人はGoogleのことを何でも知っているわけではない
2. 本音と建前があることを理解し、すべてのことを鵜呑みにしない
3. 不公平に感じてもコントロールできないなら受け入れることが大切

Chapter - 4

広告主の考えを知って AdSense 運用に活かそう

普段は強く意識することはないかもしれませんが、皆さんのAdSense収益の源泉は広告主が支払った広告費です。広告主側の動向、考えを知ることで収益アップのヒントをつかみましょう。また、広告主が使用するツールの中にもサイト運営に活かせるものがあります。

広告主向けのサービスであるAdWordsのことを知ろう！

プロの技 56

AdWordsとAdSenseの関係

AdSenseのことを理解するうえで、切っても切り離せない存在がAdWordsです。広告主が広告の出稿に利用するサービスがAdWordsで、そこで出稿された広告がAdSenseへと配信されます。ここではこのAdWordsとAdSenseの関係ついて、少し詳しく見ていきましょう。

Point

- AdWordsは大きく2種類に分かれている
- GDNへ出稿された広告費がAdSense収益に
- AdSenseサイト運営者にとってAdWordsが最も大きな収益源

AdWordsとAdSenseは表と裏の関係

AdSenseと対をなすサービスが**AdWords**です。サイト運営者、すなわちお金をもらう人が自分のサイトを収益化する場合に利用するサービスがAdSenseです。一方で広告主、すなわちお金を払う人が自分のサイトへの集客に利用するサービスがAdWordsです。

AdSenseとAdWordsは1対1の関係ではないものの、AdWordsを用いて出稿された広告がAdSenseに表示されることから、表と裏の関係といえます。

● Google AdSense と Google AdWords の関係

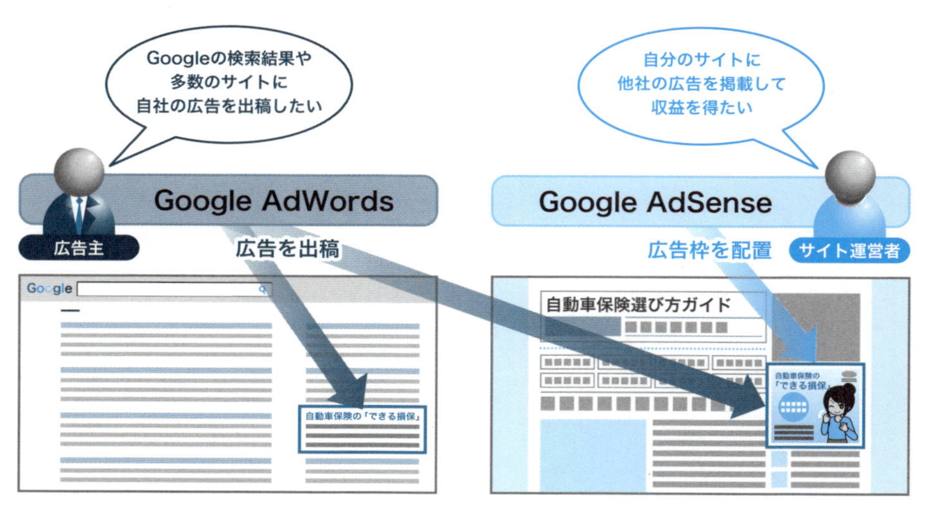

そしてAdWordsは、検索エンジンへの広告出稿に繋がる**検索ネットワーク**と、AdSense広告ユニットへの広告出稿に繋がる**GDN(Google Display NetWork)**の2種類に分けられます。

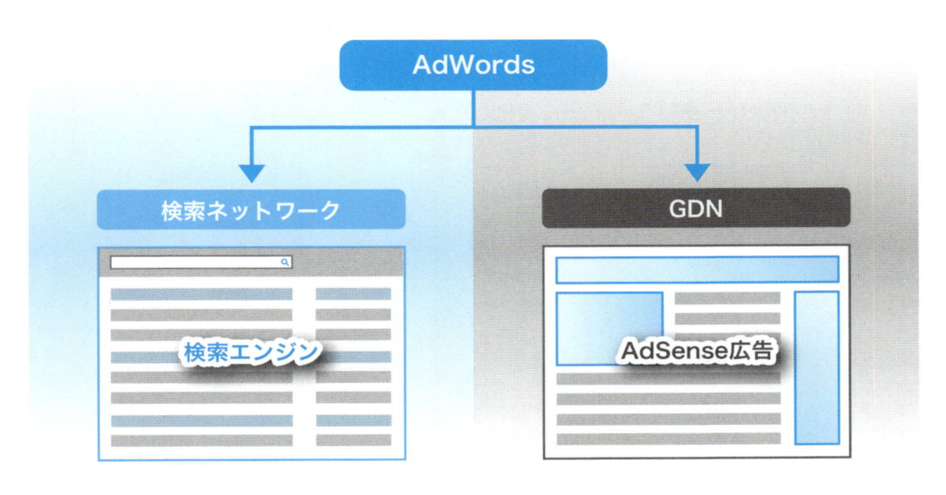

AdSenseから見るとAdWordsは数多あるネットワークの1つ

先ほど述べたとおり、AdSenseとAdWordsは表と裏の関係にありますが、**1対1の完全な対になっているわけではありません。**

AdSenseにはAdWordsからGDNに出稿された広告しか配信されなかったのが、2009年からはAdWords以外にも「MicroAd」や「Criteo」といった、Google認定の広告ネットワークの広告も表示されるように仕組みが変更されています。

AdSense管理画面のパフォーマンスレポートでは、このネットワーク別での収益レポートも確認することができます。また「広告の許可と設定」という箇所を見てみると、非常に多くのネットワークがAdSenseに接続していることがわかります。2018年現在、Google認定の広告ネットワークは3,000を超えています。

このことからもわかるとおり、AdSenseから見れば、**AdWordsはあくまで、数あるアドネットワークのうちのひとつという位置づけ**なのです。

ほかのアドネットワークもAdSenseに接続している現在では、AdWordsが抱えている広告主のみが参加するオークションだけでなく、アドネットワーク間をまたいだオークションも発生しています。これはサイト運営者の視点で見ると、オークションに参加する広告主がどんどん増えている状況です。もちろん広告主が増えればオークションの活性化に繋がることから、より高い収益の発生も期待できる状況といえるのです。

● 1 対 1 の関係から多対 1 の関係に変化した図

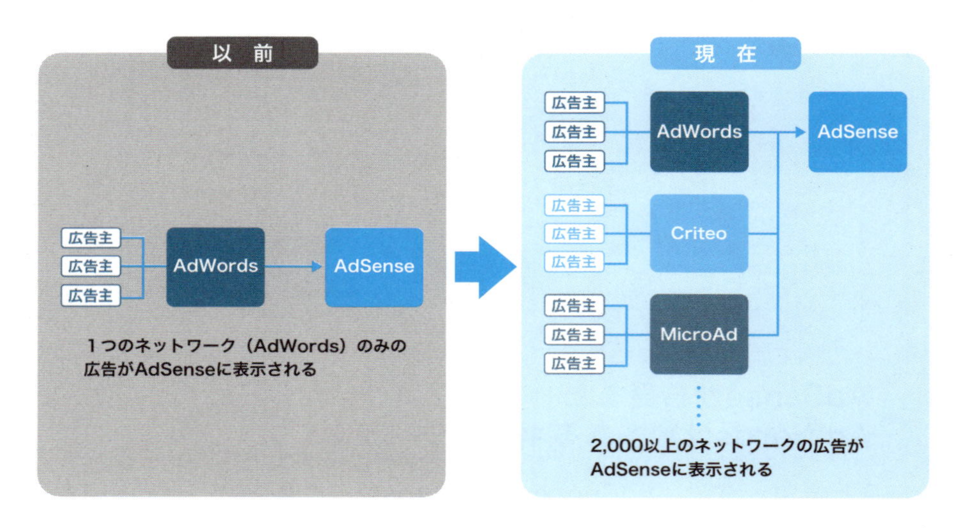

●広告の許可とブロック > すべてのサイト > 広告ネットワーク

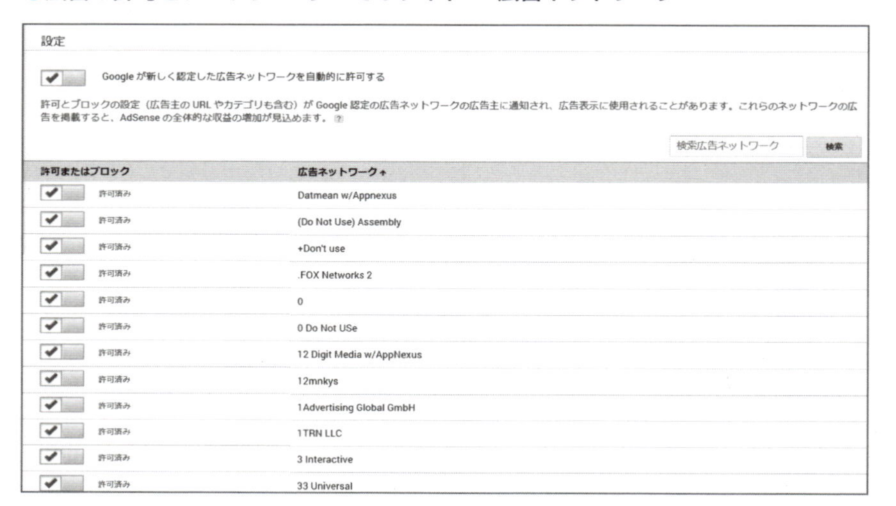

収益の大部分はAdWordsから発生している

AdSenseに接続しているアドネットワークは、AdSenseの管理画面から確認できます。そして実際に見てみると、多くのアドネットワークがAdSenseに接続していることが改めてわかるはずです。ただこのうち、**実際にAdSenseにおける収益の大部分を占めているのはAdWords**です。日本においては特にこの傾向が顕著で、サイトにもよりますが、概ね収益の80%程度がAdWordsから発生しています。

この主な要因は、**AdWordsが抱えている広告主の数はほかのアドネットワークと比べても特に多い**ということです。抱えている広告主の数については、日本で最も多いと考えられます。

ひとつのアドネットワーク内に含まれる広告主が多いということは、そのアドネットワーク内だけでもオークションが活性化されていることを意味します。そのためAdWords内でのオークション結果は、ほかのアドネットワークのものより高い金額になるケースが多く、AdSense収益の大部分をAdWordsが占めるという状況になっているのです。

● 収益の大部分を AdWords が占めている

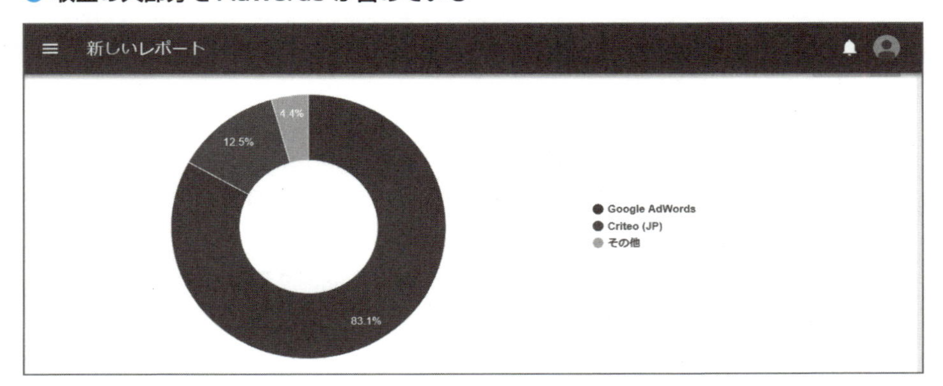

Check!

1. AdSenseはサイト運営者が、AdWordsは広告主が使うサービスで表と裏の関係にある
2. AdWordsはあくまで、AdSenseに接続する数あるアドネットワークのうちの1つ
3. しかしAdSense収益の大部分はAdWordsから発生している

広告主がサイト運営者に何を求めているかを把握する

プロの技 57 AdWords広告主が求めるサイト運営者

AdWordsを利用しての広告出稿は無料ではありません。そのため、お金を払って広告を出稿する広告主には、それぞれ必ず目的があるはずです。ここをきちんと押さえ、広告主から求められるサイト運営者になれるよう努めましょう。

Point

- 広告主の出稿目的を知ろう
- 広告主の指標を知ろう
- 広告主視点で自身のサイトを振り返ろう

広告主の目的を理解する

AdWordsを利用する広告主には、それぞれ何らかの目的があります。

1 ダイレクトレスポンス

この目的の中でも最も多いのは、**ダイレクトレスポンス**です。ダイレクトレスポンスとは、**広告から自社のサイトに集客し、そのサイトで商品の購入や資料請求など特定のアクションを起こしてもらうこと**を示しています。

AdWordsの広告出稿全体に対して、このダイレクトレスポンス目的の広告出稿が占める割合は80%以上ともいわれます。

2 ブランディング

そして残る20%程度を占めるのが、**ブランディング目的**での広告出稿です。こちらは広告を通じてアクションを起こしてもらうのではなく、**そのサイト自体、あるいはそこで取り扱われているサービスや商品、ブランドの認知を高めることを目的**としています。

ブランディングを目的とした広告出稿は、ダイレクトレスポンスを目的とした広告出稿と比べればまだ少ないですが、Googleとしても規模の拡大に力を入れている部分です。

いかに費用対効果よく顧客を獲得するのかが肝心

割合の多いダイレクトレスポンス目的の広告出稿にフォーカスすると、広告主が求める結果は**コンバージョン**です。AdWordsに出稿し、広告をクリックしてサイトにきてもらうだけではダメで、そこで**広告主が求めるアクションを起こしてもらってはじめて目的達成**となります。

● CPA（コンバージョン単価）

コンバージョンを得るための指標として、広告主では**CPA**と呼ばれる数値を持っています。CPAとは**Cost Per Acquisition**の略で、**1コンバージョンあたりにかかるコスト**のことを示しています。広告主にとっては低ければ低いほどいい数値であり、どの広告主も1回のコンバージョンにかけるコストを抑えつつ、コンバージョン数を最大化したいと考えています。

サイト	広告費	クリック数	CPC	CV数	CVR	CPA
サイトA	10万円	5,000	20円	250	5%	400円
サイトB	10万円	5,000	20円	100	2%	1,000円

広告主がサイトA、サイトBにそれぞれ10万円の広告費を使ったとします。いずれも5,000クリックされ、1クリックあたりの単価（CPC）は20円です。コンバージョン率はサイトAが5%に対して、サイトBは半分以下の2%で、コンバージョン数はサイトAからが250件、サイトBからは100件。1コンバージョンあたりの単価（CPA）はサイトAが400円、サイトBは1,000円です。

広告主の目標CPAが500円の場合、この結果を見て広告主は**サイトAには今まで以上の広告予算を投下し、CPA400円でさらに多くのコンバージョンを獲得しようとする**はずです。一方サイトBに対しては、**目標CPAを大きく超えているので、広告出稿を控えたり上限クリック単価を大幅に下げる**でしょう。

実は単純にコンバージョン数を増やすだけなら、そこまで難しくはありません。広告の上限クリック単価を釣りあげれば広告がAdSenseサイトに表示される回数も増え、クリック数やコンバージョン数を増加させることが可能です。ただし、このやり方では1コンバージョンあたりにかかる単価が上がってしまうため、ビジネス的に見ると割に合わないことがあります。

これは逆もいえることで、クリック単価をどんどん下げていけば、CPAだけを下げることもできるのです。ただそうするとコンバージョン数もどんどん下がってしまい、こちらも意味がなくなってしまいます。

そのため、ダイレクトレスポンスのために広告出稿を行う広告主にとっては、**目標とするCPAを維持しつつ、その中で最大のコンバージョンを獲得することが目的**であるといえます。

広告主の目的に叶うサイトとは

広告主の目的がCPAを維持しつつ、コンバージョン数を最大化することと考えれば、望まれるサイト像となるのは**コンバージョン率とコンバージョン数が共に高いサイト**といえます。

100人がサイトに訪れて、そのうち1人がコンバージョンすれば、コンバージョン率は1%。100人中2人がコンバージョンすればコンバージョン率は2%です。仮に同じコストで100人を集客しているとなれば、コンバージョン率が1%から2%へ上がるだけで、CPAは半分になります。

このようにコンバージョン率が高ければ高いほど、広告主にとってはうれしいのです。

● CPAが高すぎたり安すぎる事例

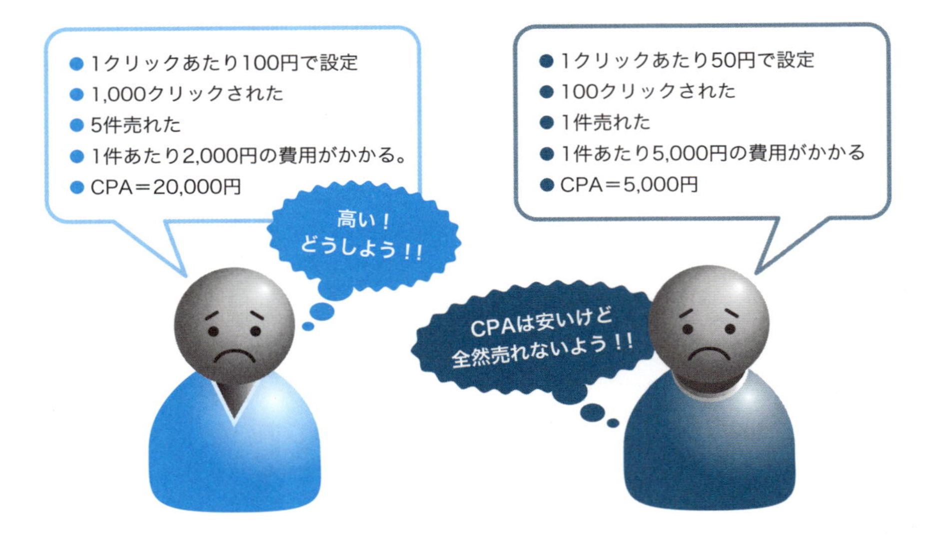

広告主が喜ぶ3要素

 質のいいユーザーを集めてくれているか

広告主は、サイト運営者に「広告主へ配慮する姿勢」を求めます。サイト運営者が自分のサイトの収益のことだけでなく、収益の源泉である広告主のことまで考えてくれているか。そして広告主の先、つまりユーザーのことも見ている

か。ここを重要視しています。

収益ありきではなく、まずはサイトを訪れるユーザーが満足するようなコンテンツを作る。これを積み重ねると、サイトにはいいユーザーが集まってきます。いいユーザーが集まるサイトには広告主も広告を出稿したいと考えるので、広告主の満足へと繋がります。そしてその結果として、収益があるのです。

繰り返しますが、**収益はあくまで結果であり、目的ではない**のです。

2 広告主が嫌がると予測できることはしない

広告主の目的はコンバージョンを最大化させ、かつCPA目標を保つことです。この場合において広告主が最も嫌う行為は、**広告に対する無駄なクリック**、あるいは**広告の無駄な表示**です。広告をクリックされるだけでお金がかかってしまう広告主の立場からすれば、コンバージョンに繋がらないクリックはできるかぎり避けたいものです。

誤クリックが多いサイトというのは、そもそも貼りつけ方が悪いと考えられます。サイト内のリンクと広告の位置がとても近かったり、わざとサイトのコンテンツと似たような広告フォーマットにしてしまったり。これは「どのような形でもいいから広告をクリックさせてしまえ」という捉え方もでき、結局のところ収益ありきの考え方です。**広告主が求めるのはクリックではなく、あくまでコンバージョン**なので、こういったサイト運営者はAdWordsの広告主からは求められません。

この点に関していえば、自分で広告をクリックする、人にお願いしてクリックしてもらう行為も論外です。これは広告主はもちろん、Googleからも嫌われる行為であり、最終的にはAdSenseアカウントの閉鎖に繋がります。

3 広告主のトレンドを押さえる

広告主のトレンドを押さえているサイトは広告主からも喜ばれます。広告のフォーマットやサイズは時代によって変わってきます。7～8年前では、AdSenseといえばテキスト広告というイメージでしたが、現在テキスト広告だけでAdSenseを利用している人はおそらくほぼいないはずです。

こういった流れがなぜ起きているかといえば、それは**広告主がディスプレイ広告をどんどん出稿するようになった**からです。このように、時代のトレンドにあわせて広告主がディスプレイ広告を求めていると考えれば、自分のサイトのAdSense広告もきちんとディスプレイ広告に対応するといった配慮が求められるでしょう。

人気のある広告サイズも当然変わってきます。最近であれば、468×60や200×200といった小さいサイズの広告は広告主も使わなくなってきました。小さいサイズの広告は使い勝手がいいと思っている人もいるかもしれませんが、広告主が大きいサイズの広告にシフトしてきていることを把握し、広告主から人気のある広告サイズを用意することも大切です。

さまざまな広告主を受け入れよう！

私自身がAdWordsの営業担当をやっていたときに思っていたこととして、AdSenseに表示される広告を管理する際、表示したくないからと、**むやみやたらにURLフィルターをかけてしまうことは避けるべき**です。

AdSenseの管理画面からドメインを指定してブロックされてしまうと、広告主としてはそこに広告を出すチャンスが二度となくなってしまいます。その広告主が運営するサイトの競合にあたるなどやむを得ない理由があれば別ですが、そうでなければ可能なかぎり広告主に門戸を広げましょう。これは広告主からしても助かると思います。

Check!

1. 広告主の多くはコストを抑えながらコンバージョンを最大化することを目的としている
2. 広告主はコンバージョン率とコンバージョン数が多いサイトを求めている
3. 広告主やユーザーに配慮することが大切。その結果が収益である

広告主から好かれるサイトを目指そう！

プロの技 58 AdWords広告主が求めるサイトやブログ

先ほどは広告主が求める「サイト運営者」を説明しました。つまり考え方の部分です。ここでは広告主が求める「サイト」です。どのようなサイトやブログを広告主が求めているのでしょうか。

Point

- サイト運営者が考えている以上に広告主は自社のブランドを気にしている
- PVの多いサイトは当然、広告主からの人気がある
- 大手メディアのように莫大なPVがなくても、ユーザー層がはっきりしているサイトは人気がある

AdWords広告主が求めるサイト

広告主が求めるサイトを簡単に説明すると、**ブランドイメージを守って、商品を売ってくれるサイト**です。「売れればいい」でも、「売れなくてもキレイであればいい」でもありません。

1 広告主のブランドを守ってくれる

AdWordsでは何万社という中小企業のほかにも、**ナショナルクライアント**と呼ばれる、テレビにCMを打つような大手の広告主からの広告出稿も行われています。広告主によっては、月に数千万から数億円という多額の予算を広告出稿にかけている会社もあるのです。

ナショナルクライアントは常時、自社のブランドイメージを気に掛けています。そのため、自社のバナーがアダルトやグロ画像などのそばに表示されることを強く嫌います。

2 ユーザーが広告主に対して嫌な印象を抱かない

AdSenseのポリシーでは、コンテンツ量と比較してAdSenseの占める割合が多くなりすぎる実装を禁じています。実際にこういった実装がされていると、ユーザーもうるさいと感じてしまいます。

このとき、ユーザーが嫌悪感を抱くのは運営者のサイトに対してだけではありません。そこでに表示されている広告の内容、つまりは**広告主に対しても悪い印象を抱いてしまう**のです。広告の配置によっては、広告主のイメージを損なうことにも繋がります。

3 PV数が多い

広告主の立場で考えると、できるかぎり効率よくコンバージョンを獲得したいものです。コンバージョン数獲得という観点から見ると、広告主が出稿したいと考えるのは**PVの多いサイト**です。

現在AdWordsで用いられているターゲティング手法は、コンテンツターゲットやプレースメントターゲットと呼ばれるサイトを指定するものから、パーソナライズ広告と呼ばれるユーザーを指定するものへと変わりつつあります。

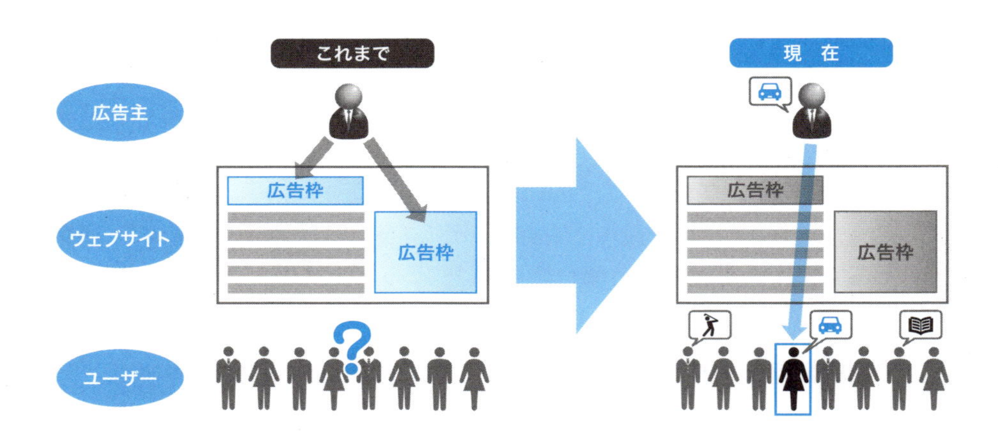

その状況においてPVの多いサイトは、**広告主が取り扱う商品やサービスに関心を持っているユーザーをトラフィック内に含んでいる可能性が高いため、そういったユーザー向けに広告を出せる確率も高い**といえます。

パーソナライズ広告に含まれるリマーケティングのターゲット手法であれば、一旦広告主のサイトを訪れたユーザーだけをターゲティングし、サイトのテーマやジャンルを問わず、AdSenseが設置されているサイトにそのユーザー向けの広告を出すということができるのです。

PVが多いサイトというのは、そういうユーザーに巡りあえるチャンスが多いということでもあるのです。このような理由から、ある程度のPVボリュームがあるサイトというのは、広告主からも求められます。

4 ジャンルに特化している

コンバージョン率で考えると、ジャンル特化型のサイトも広告主から求められるものとなります。

ジャンル特化型のサイトの場合、サイトへのトラフィックは決して多くないかもしれませんが、広告主の商品を使う可能性が高いユーザーの割合は高いケースがあります。つまり、**コンバージョンに繋がりやすい**のです。これはジャンルに特化することで、サイトやコンテンツに関心のあるユーザーも集まってきやすいという典型例です。こういったサイトもAdWordsの広告主が求めるサイトといえます。

下図は、燻製やバーベキューなどのアウトドアに特化したサイトです。このようなサイトには、アウトドア関連の商品を販売している広告主がサイト指定をして広告出稿してくれる可能性が高くなります。

●ジャンルに特化したブログ

Check!

1. ポリシーに合致していることは大前提
2. PVが多いサイトは広告主からも求められる
3. PVが少なくてもジャンル特化でコンバージョン率が高ければ広告主に求められる

プロの技 59 サイト運営者が知っておくべきAdWordsの機能

サイト運営者が日頃使用するのはAdSenseのほうであり、AdWordsに関して詳しく知っている人はあまりいないのではないかと思います。ただし広告主の考えを知るという意味では、AdWordsの仕組みを理解しておくことが大切です。

Point

- ターゲティングの種類とトレンドを知る
- 単価設定の違いを把握する
- アクティブビューがますます重要に

ターゲティングの種類

まず、AdWordsで用いられているターゲティング手法は、大きく次の３つの種類が用意されています。

- コンテンツターゲット
- プレースメントターゲット
- パーソナライズ広告

またパーソナライズ広告については、その中でさらに「**興味関心でターゲットするもの**」と、「**一度サイトに訪れた人をターゲットするもの**」の２種類に分かれています。

現在はパーソナライズ広告の割合が増えている

ここで押さえておきたいポイントは、**プレースメントターゲットの収益の比率が少しずつ下がってきている**ということです。全体的なデータは出しにくいですが、少なくとも私が見ているかぎりでは、AdSenseサイト運営者にとって収益の10%以下しか占めていません。サイトにもよりますが、全体でいうと数年前はもっと多かったものが、パーソナライズ広告の登場とともに移行している状況です。

それぞれが占める割合は大まかに、４割がコンテンツターゲット、１割がプレースメントターゲット。残る５割をパーソナライズ広告が占めています。

そのためサイト運営者から見ると、自分のサイトに関係ない広告が出たり、同じ広告が何度も出るようになったと感じるかもしれません。これは、広告主の出稿がだんだんとパーソナライズ広告に寄ってきているからだと理解してください。その理由は単純で、このパーソナライズ広告の配信方法は各個人にピッタリの広告が配信されるため購入に繋がりやすいからです。

ちなみにこの状況は、収益面で見れば必ずしも悪いことではありません。AdWordsの歴史の発展によるものと捉え、あまり気にしないことが一番です。

 単価設定の種類

AdWordsの課金の仕組みは、「CPC課金」と「CPM課金」の2種類が用意されています。

●CPC課金

CPC課金は**広告がクリックされる都度、お金を払う**ものです。これは逆に考えれば、**クリックさえされなければお金を支払う必要はない**仕組みともいえます。1度のクリックに対して最大いくらまでお金を出せるか、という**上限クリック単価**と呼ばれる数値を設定し、広告を出稿することになります。

CPC課金を選ぶ広告主は、クリックの質を気にします。ちなみにAdSenseのパフォーマンスレポートでは広告出稿タイプ別の収益比率も見ることができますが、このCPC課金による比率が8割ほどを占めています。

●CPM課金

そして、残りの2割ほどを占めているのが**CPM課金**です。こちらは**クリックされようがされまいが、広告の表示に対してお金を払う仕組み**です。

CPM課金で出稿している広告主はクリックの質をさほど気にしない代わりに、表示の質にこだわります。たとえば、自動で広告表示をリフレッシュさせるといったことは強く嫌います。

また表示されただけでお金が発生するため、広告が表示される場所にもこだわります。なるべく目に留まる場所、なるべく大きい広告サイズを好みます。

● **CPC 課金と CPM 課金の違い**

	CPC課金	CPM課金
費用がかかるタイミング	広告がクリックされたとき	広告が表示されて アクティブビューとなったとき※
広告主が期待する効果	商品の購入	ブランドの認知度アップ
広告主が期待するもの	質のいいユーザーのクリック	ブランドイメージ向上につながる サイトへの表示

※ユーザーの目に1秒以上、クリエイティブの半分以上が表示されたとき

広告を出稿する目的に応じて、広告主は課金方法を選択します。**ダイレクトレスポンスを目的としてコンバージョンを気にするのであればCPC課金**のほうが向いています。一方で**広告自体を見せることでのブランディングを目的とするのであれば、CPM課金**のほうが向いているといえます。

 CPM課金はテレビCMにとって代わる？

CPM課金の比率が増えてきていると先述しましたが、Googleとしては**ブランディングを目的としてCPM課金で広告を出稿してくれる広告主をどんどん増やしていきたい**と考えています。

Googleでは広告出稿金額を増やすために、広告主がこれまでテレビや新聞に出していた予算をGoogleのほうにシフトしてほしいと考えています。テレビや新聞に広告を出稿する広告主の主な目的は、「商品を認知してほしい」「会社のブランドを知ってもらいたい」というブランディング効果です。

テレビでは何人の人に見られたのかという具体的な数値は視聴率というざっくりした数値でしかわかりませんが、AdWordsの場合は何人に見られたのかまでわかります。そういった意味でも今後は企業側もテレビCMよりAdWordsへの広告出稿を増やすことがあるかもしれません。

アクティブビューの重要性

このような広告の出稿状況は、AdSenseのプロダクト改善にも繋がってきます。直近ではここ2年くらいの間で、新たに**アクティブビュー**と呼ばれる数値が確認できるようになりました。

●アクティブビュー確認画面

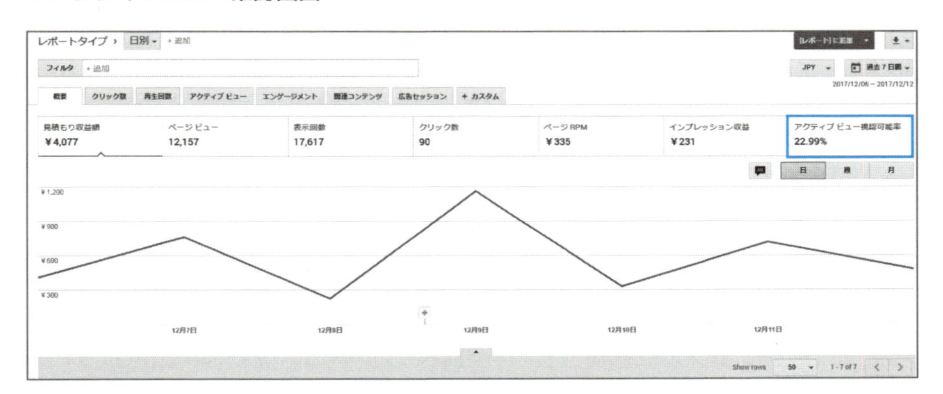

アクティブビューの数値からは、**その広告ユニットがユーザーにどのくらい見られているのかがサイト運営者側からの視点でわかる**ようになっています。しかし当然、この数値はAdWordsの広告主からも見えています。自分の広告がどの程度ユーザーの目に止まっているのかを知られてしまうわけです。

2013年に、広告が視認可能な状態（アクティブビュー）になった場合のみ課金となる「**vCPM(Viewable CPM)課金**」がリリースされました。GDNに広告が表示されても、実際にユーザーの目に触れなかった場合は広告主に費用は発生しません。

CPMへの出稿者が増えている現状を考えると、アクティブビューという指標はこれまで以上に重要な指標となってきます。なるべくアクティブビューを高めることが大切で、ユーザーの目に触れるところに広告ユニットを設置するということは、広告主からの出稿のチャンスを活かすことにも繋がるのです。

Check!

1. 現状ではパーソナライズ広告の収益が最も多い
2. 広告の出稿方法にはCPC課金とCPM課金がある
3. アクティブビューは今後さらに重要な指標となってくる

無料で使えるツールをサイト運営に活かそう！

プロの技 60 サイト運営者も使えるAdWordsのツール群

AdWordsといえば一般的には広告を出稿する広告主が利用するサービスですが、この中にはサイト運営者にとっても役立つツールが含まれています。利用登録自体は無料で行うことができるので、ぜひサイトの運営に役立てましょう。

Point

- 広告主が単価を高く出稿しているキーワード、ジャンルを知る
- 検索ボリュームの傾向を知る
- 広告主から自分のサイトと競合サイトがどのように見られているかを知る

キーワードプランナー

アフィリエイトをメインで取り組んでいれば、キーワードプランナーを使っている人も多いのではないかと思います。

キーワードプランナーを使うと、**そのキーワードの月間での検索ボリューム**がわかります。また、あくまで検索ネットワークに広告出稿した場合の話ではありますが、オークションに参加するときの1クリックあたりの設定単価の参考額も見ることができます。

● AdWords 管理画面の運用ツール > キーワードプランナー

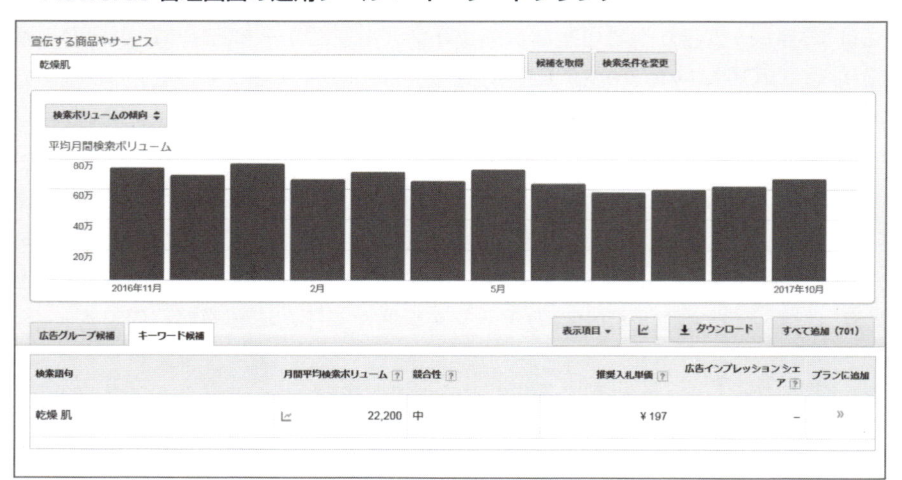

https://adwords.google.co.jp/KeywordPlanner

検索ネットワークでの出稿単価が高いものは、GDNでの出稿単価も高いであろうと想定できます。キーワードプランナーを活用すれば、**どういったキーワードをメインとしてコンテンツを作ればクリック単価の高い広告が配信されやすくなるかも予想できる**のです。

 Googleトレンド

AdWordsの管理画面と直接リンクしているわけではありませんが、Googleトレンドも便利に活用できるツールのひとつです。

Google トレンドでは、**そのキーワードの検索ボリュームに関するトレンド**を確認することができます。検索ボリュームが伸びてきているのか、下がってきているのか、また季節によって特徴的な増減は見られるのかといったことが確認できます。

検索ボリュームには、ユーザーのニーズが現れています。これから新しくサイトを作る場合の参考にはもちろん、すでに運用しているサイトにいつ頃トラフィックが増えてきそうかといった確認にも使うことができるでしょう。

● Google トレンド

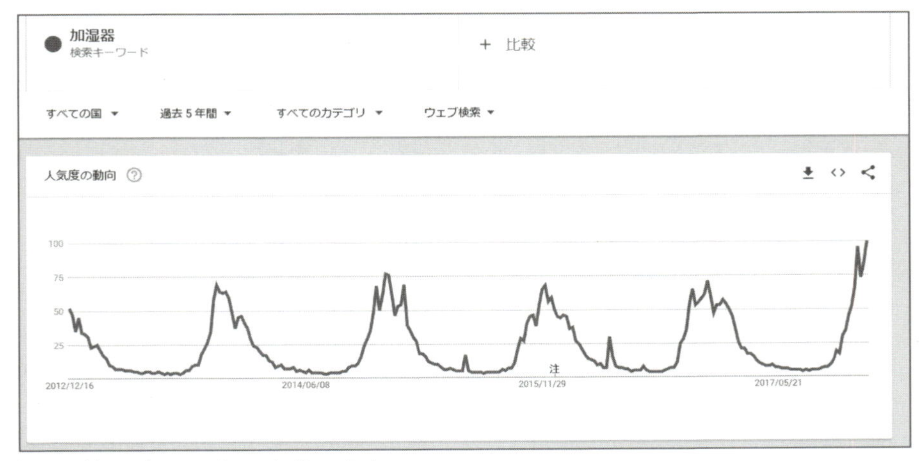

https://trends.google.co.jp/trends/

 ディスプレイキャンペーンプランナー

以前まで、「プレースメントツール」という名前で提供されていました。**広告**

主がプレースメントターゲットで広告出稿を行う場合にキーワードを指定することで、そのキーワードに関連するコンテンツを取り扱うAdSenseサイトを検索できるツールです。

たとえば、インド旅行を専門とした旅行代理店を営業しているとします。ここで「インド　旅行」といったようにキーワードを設定すると、このキーワードに関するコンテンツを持っているAdSenseサイトがリストアップされるのです。広告の出稿先として適していそうなサイトを調べられます。

広告主は、このディスプレイキャンペーンプランナーを用いてAdSenseサイトを確認・評価しています。サイト運営者もこのツールを使ってみて、ツールを介して自分のサイトがどう見られているのかを知っておくのはいいことでしょう。

またディスプレイキャンペーンプランナーでは、検索して表示されたサイトのおおよそのPVボリュームも確認可能です。競合サイトをチェックするツールとして使うのもアリだと思います。

● **AdWords 管理画面の運用ツール > ディスプレイキャンペーンプランナー**

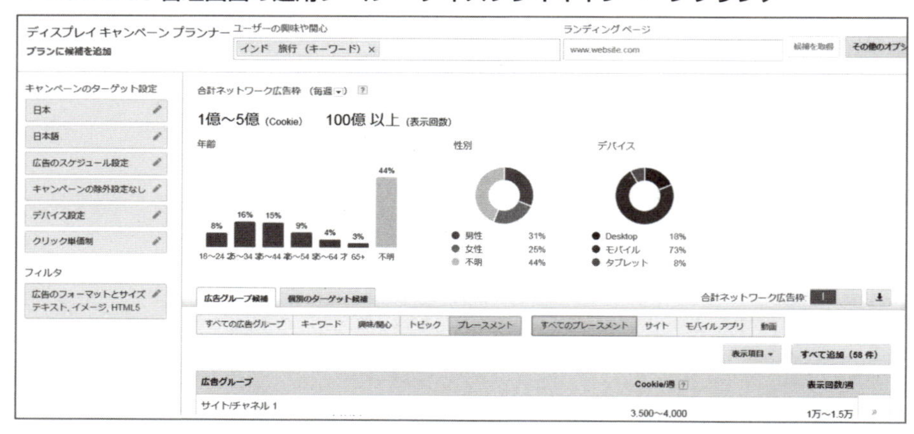

https://adwords.google.com/da/DisplayPlanner

Check!

1. キーワードプランナーでキーワードの月間検索ボリュームがわかる
2. Googleトレンドではキーワードの検索トレンドが確認できる
3. ディスプレイキャンペーンプランナーでは自分のサイトが広告主にどう見られているかがわかる

あとがき

長くサイト運営をしている人にとっては、既にご存知の内容も多かったかもしれません。本を読むことは新しい知識を得るだけではなく、自分の知識やノウハウが正しいかどうかを確かめるのも目的の1つです。「知っていた」あなたは既にAdSense中級者以上といえると思います。ユーザーのために、より一層コンテンツ作りに励んでください。

本書で一貫して言い続けたことは、サイト運営者である自分とGoogleだけではなく、広い目で関係者のことを考えてほしいということです。現代は、誰もが簡単に情報発信ができる時代です。これだけ多くのWebサイトが溢れているなか、自分で経験したわけでもない、専門知識に裏づけされたわけでもない、素人に毛が生えたような考察のコンテンツはユーザーからの支持は得られないでしょう。

あなたならではの視点、経験が必要です。個人や小さな企業といえども、大手メディアに勝てるコンテンツは必ずあります。それが、ユーザーにとって良い体験、面白い体験となり、役立つ情報となります。

アフィリエイトと比較して、AdSenseは稼げないと言われることがあります。それは、AdSenseでの収益化を短期的に、軽く考えているからです。

2017年はキュレーションメディアがサイトを閉鎖したり、Google検索による医療関連キーワードに関するアップデートがあったりと、メディア界隈では大きな動きのあった年でした。ユーザーを騙すようなことをして、収益のみを追いかけるような手法は通用しなくなってきています。逆に考えれば、正直者が得をする世界に向かっているともいえます。簡単な道のりではありませんが、ユーザーのことを第一に考え、質の高い独自のコンテンツをコツコツとユーザーに提供することでユーザーに支持され、そして適切な広告実装により広告主からも好かれ、長きにわたってAdSenseで稼いでいただきたいと思います。本書がその一端となれば幸いです。

最後になりましたが、一度お会いしただけにもかかわらず、本書の出版を即決いただいたソーテック社の福田様。共著として執筆いただいた株式会社Smartaleckの河井様。企画の立案から執筆までサポートいただき、河井様がいなければこの書籍の出版はあり得ませんでした。

その河井様をご紹介いただいた株式会社MASHの染谷様。情報提供に協力いただいたサイト運営者様、GoogleのOB、OGの方々。皆様に厚く御礼申し上げます。

石　田　健　介

◉協力

マネタイズパートナー株式会社　https://www.mp-llc.net/

アフィリエイト会員サービス「ALISA」　http://alisa.link/

元Google AdSense担当が教える
本当に稼げるGoogle AdSense
収益・集客が1.5倍UPする プロの技60

2018年1月31日　初版第1刷発行
2018年2月28日　　第2刷発行

著　者　石田健介　河井大志
発行人　柳澤淳一
装　幀　植竹裕
編集人　福田清峰
発行所　株式会社　ソーテック社

〒102-0072 東京都千代田区飯田橋4-9-5　スギタビル4F
電話：注文専用　03-3262-5320
FAX：　　　　　03-3262-5326

印刷所　図書印刷株式会社

ISBN978-4-8007-1191-5